U0165883

內衣版型
私房筆記

夏士敏 著

五南圖書出版公司 印行

自序 溫故知新

　　教學生涯中經常遇到學生與我分享所搜尋的資料，因為學生經驗有限，抄畫版型也無法想像版型尺寸與穿著實際樣態的連結，亦無從判斷資料圖版中數據是否適合需求。「什麼是老舊過時的服裝版型？」「什麼是好看、好穿的版型？」「為什麼套入自己尺寸畫版卻不合身？」這些是常見的問題。

　　不同年代的服裝，有不同的流行風格，對服裝機能的要求也有所不同。現代年輕女性的三圍身高，與自己母親年輕時相較，胸型更立體、身形更具有厚度。若單純參考陳年書籍進行打版，容易有前長尺寸不足、衣服壓胸的問題。因此，教導學生如何活用現有的資料，成為重要的課題。

　　內衣是最貼身的衣物，版型的結構既要貼合人體形態，還需對應活動時體表皮膚產生的變化。就手工訂製內衣而言，合身的衣服需與體型契合，要針對個人量身取得打版所需的數據，講究版型的準確性，尺寸的增減與線條的弧度都要精準拿捏，版型繪製難度高於外穿式服裝。了解內衣版型理論，不僅限於內衣製作，亦可運用於合身服裝款式的打版。

　　本書以版型立體化為前提，使用教學資料系統完備的日本文化學園大學之「文化原型」學理基礎，參照個人多年的實務經驗，主材質設定為無彈性織物，將合體服裝裁剪版型技術轉化為圖例說明，作為內衣版型設計打版的參考資料。

在版型設計課堂中，從「知道」進而「做到」，將重要觀念用最簡單方式學習，成為師生教學相長之路上的動力。這本書是我的版型教學筆記，未能詳盡之處，敬祈各方不吝指正。

夏士敏

2023 年 11 月 7 日

CONTENTS

自序　溫故知新　II

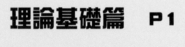
理論基礎篇　**P1**

CHAPTER **1** 內衣版型
基本概念 3

一、關於內衣版型　5

二、內衣材質與版型鬆份　5

三、量身部位基準點的縮寫代號　8

四、量身方法　10

五、製圖符號　18

CHAPTER **2** 原型的使用
與說明 23

一、文化式原型　24

二、新文化式原型（成人女子用原型）　26

三、舊文化式原型（婦人原型）　27

四、原型褶份分配　29

五、褶子轉移　30

CHAPTER 3 緊身衣的版型結構 39

一、布料彈性與版型鬆份　41

二、高彈性緊身衣　42

三、中低彈性緊身衣　43

四、無彈性緊身衣　44

五、無彈性塑身衣　48

CHAPTER 4 胸罩的基本概念 53

一、胸罩的構造名稱　54

二、罩杯的構成　58

三、成衣罩杯尺寸　60

四、胸罩版型結構　62

五、窄版背片胸罩　64

六、寬版背片胸罩　70

CHAPTER 5 內褲的基本概念 75

一、內褲的結構名稱　76

二、內褲版型結構　77

三、四角內褲　79

四、三角內褲　82

五、彈性塑身內褲　85

款式設計篇　P91

CHAPTER 6 胸罩版型設計 93

款式一　三角形罩杯胸罩　94

款式二　平口胸罩直向結構　98

款式三　平口胸罩橫向結構　102

款式四　訂製胸罩一片結構　106

款式五　訂製胸罩多片結構　109

款式六　成衣胸罩　114

款式七　鋼圈胸罩簡易製圖法　118

款式八　鋼圈胸罩原型製圖法　124

款式九　斜向剪接胸罩　129

款式十　月牙剪接胸罩　133

款式十一　哺乳胸罩　136

CHAPTER **7** 馬甲
版型設計 143

款式十二　　及腰胸罩馬甲　144
款式十三　　訂製馬甲原型製圖法　147
款式十四　　成衣馬甲簡易製圖法　150
款式十五　　馬甲的三圍尺寸調整　153
款式十六　　及臀胸罩馬甲　160

CHAPTER **8** 內褲
版型設計 163

款式十七　　基本型三角褲　164
款式十八　　剪接開口三角褲　168
款式十九　　訂製三角褲　170
款式二十　　彈性三角褲　173
款式二一　　高衩三角褲　177
款式二二　　丁字褲　178
款式二三　　彈性四角褲　180
款式二四　　四角褲襠片結構　183
款式二五　　四角褲一片結構　184
款式二六　　變化褲一片結構　185

CHAPTER 9 塑身衣版型設計 187

款式二七　三角束褲　189

款式二八　四角束褲　191

款式二九　束腹　196

款式三十　腰夾　199

款式三一　胸托　201

款式三二　胸罩及臀裙塑身衣　206

款式三三　胸罩及腿裙塑身衣　209

款式三四　胸托三角褲塑身衣　212

款式三五　胸托四角褲塑身衣　215

款式三六　胸罩三角褲塑身衣　218

款式三七　胸罩四角褲塑身衣　221

款式三八　胸罩變化褲塑身衣　224

款式三九　全合一機能型塑身衣　229

CHAPTER 10 襯衣版型設計 233

款式四十　襯裙　234

款式四一　裙撐　237

款式四二　襯褲　240

款式四三　法式蕾絲襯褲　244

款式四四　肚兜　246

款式四五　背心式襯衣　248

款式四六　細肩帶襯衣　251

款式四七　法式蕾絲襯衣　254

款式四八　露背式連身襯裙　258

款式四九　胸罩式連身襯裙　261

款式五十　裙撐式連身襯裙　264

參考書目　267

表目錄

表1-1　內衣商品胸下圍尺寸對照表　007

表1-2　訂製內衣基本寬鬆份參考表　007

表1-3　量身部位的英文名稱縮寫　008

表1-4　量身尺寸表　016

表4-1　日本內衣商品罩杯尺寸對照表　061

表4-2　罩杯尺寸與量身尺寸的關係　061

表4-3　相同體型不同罩杯商品尺寸對照表　061

表4-4　相同罩杯不同體型商品尺寸對照表　062

 圖目錄

圖1-1　女性內衣　004

圖1-2　內衣商品的胸上圍尺寸量法　006

圖1-3　量身基準點　009

圖1-4　訂製內衣的胸圍量法　010

圖1-5　胸上圍與胸下圍量法　011

圖1-6　側乳寬與乳高量法　011

圖1-7　乳間寬與乳下長量法　012

圖1-8　前中心長與前長量法　012

圖1-9　胸寬與背寬量法　013

圖1-10　腰圍位置與量法　013

圖1-11　背長與後長量法　014

圖1-12　臀圍量法　014

圖1-13　襠圍量法　015

圖1-14　腰長與裙長、褲長量法　015

圖1-15　股上長與大腿圍量法　016

圖1-16　量身對應位置　017

圖2-1　新舊文化式原型胸褶呈現方式　024

圖2-2　新舊文化式原型套疊　025

圖2-3　新文化式原型製圖　026

圖2-4　舊文化式原型製圖　027

圖2-5　舊文化式原型的前垂份　028

圖2-6　原型褶份分配　029

圖2-7　胸褶轉移設計線　030

圖2-8　原型板轉移胸褶的方法　031

圖2-9　胸褶轉移至脅線　032

圖2-10　胸褶轉移至腰線　033

圖2-11　腰褶轉移　034

圖2-12　合腰服裝原型　035

圖2-13　肩褶轉移至脅線　036

圖2-14　肩褶轉移至腰線　036

圖2-15　公主剪接線版型　037

圖2-16　褶轉移為公主剪接線　038

圖2-17　公主剪接線合腰原型　038

圖3-1　緊身衣　040

圖3-2　錯誤的無彈性布合身版型　041

圖3-3　高彈性緊身衣製圖　042

圖3-4　中低彈性緊身衣製圖　043

圖3-5　緊身衣基礎架構　045

圖3-6　緊身衣褶線位置　046

圖3-7　無彈性緊身衣製圖　047

圖3-8　塑身衣基礎架構　049

圖3-9　塑身衣褶線位置　050

圖3-10　無彈性塑身衣製圖　051

圖4-1　胸罩正面構造名稱　054

圖4-2　胸罩的背片　055

圖4-3　背鉤與排釦　055

圖4-4　肩帶調節環　056

圖4-5　胸罩反面構造名稱　056

圖4-6　一片構成的胸罩　058

圖4-7　二片構成的胸罩　059

圖4-8　多片構成的胸罩　060

圖4-9　罩杯尺寸　060

圖4-10　原型與量身尺寸的對應位置　062

圖4-11　原型與罩杯的鬆份　063

圖4-12　窄版背片胸罩基礎架構　064

圖4-13　罩杯位置　065

圖4-14　罩杯版型修正　066

圖4-15　窄版背片胸罩製圖　067

圖4-16　胸褶轉移為腰褶的胸罩基礎架構　068

圖4-17　胸褶轉移為腰褶的胸罩製圖　069

圖4-18　寬版背片胸罩基礎架構　070

圖4-19　罩杯褶份　071

圖4-20　胸罩製圖原型轉移法　072

圖4-21　胸罩製圖紙型合併法　073

圖5-1　內褲結構名稱　076

圖5-2　內褲版型區分　077

圖5-3　三角褲結構　078

圖5-4　四角褲結構　078

圖5-5　塑身褲結構　079

圖5-6　四角褲基礎架構　080

圖5-7　四角褲腰臀輪廓線　081

圖5-8　四角褲褲口線　081

圖5-9　四角褲製圖　082

圖5-10　三角褲基礎架構　083

圖5-11　三角褲腰臀輪廓線　084

圖5-12　三角褲腰臀輪廓線　084

圖5-13　三角褲製圖　085

圖5-14　塑身褲基礎架構　086

圖5-15　塑身褲輪廓線　087

圖5-16　塑身褲襠圍尺寸　088

圖5-17　塑身褲製圖　088

圖5-18　塑身褲襠片設計　089

圖6-1　三角形全罩杯胸罩　094

圖6-2　三角形罩杯細褶款式　095

圖6-3　三角形罩杯尖褶款式　096

圖6-4　三角形罩杯剪接款式　097

圖6-5　平口胸罩直向結構　098

圖6-6　平口胸罩直向細褶款式　099

圖6-7　平口胸罩直向尖褶款式　100

圖6-8　平口胸罩直向剪接款式　101

圖6-9　平口胸罩橫向結構　102

圖6-10　平口胸罩橫向細褶款式　103

圖6-11　平口胸罩橫向尖褶款式　104

圖6-12　平口胸罩橫向剪接款式　105

圖6-13　訂製全罩杯胸罩一片結構　106

圖6-14　深V胸罩製圖　107

圖6-15　多褶線胸罩製圖　108

圖6-16　訂製全罩杯胸罩多片結構　109

圖6-17　垂直剪接胸罩製圖　110

圖6-18　水平剪接胸罩製圖　111

圖6-19　T形剪接胸罩製圖　112

圖6-20　十字剪接胸罩製圖　113

圖6-21　成衣基本款胸罩　114

圖6-22　基本款全罩杯胸罩製圖　115

圖6-23　基本款3/4罩杯胸罩製圖　116

圖6-24　基本款1/2罩杯胸罩製圖　117

圖6-25　成衣鋼圈款胸罩　118

圖6-26　全罩杯簡易製圖　119

圖6-27　土台與背片簡易製圖　120

圖6-28　鋼圈胸罩簡易製圖　121

圖6-29　罩杯包覆面積版型　122

圖6-30　罩杯版型設計　122

圖6-31　背片版型設計　123

圖6-32　鋼圈胸罩　124

圖6-33　胸罩架構　125

圖6-34　胸罩分版製圖　126

圖6-35　3/4罩杯鋼圈胸罩製圖　127

圖6-36　1/2罩杯鋼圈胸罩製圖　128

圖6-37　斜向剪接胸罩　129

圖6-38　襯墊胸罩表裡差　129

圖6-39　斜向剪接無土台胸罩製圖　130

圖6-40　斜向剪接帶型土台胸罩製圖　131

圖6-41　斜向剪接脊心型土台胸罩製圖　132

圖6-42　月牙剪接胸罩　133

圖6-43　下緣月牙胸罩製圖　134

圖6-44　側緣月牙胸罩製圖　135

圖6-45　哺乳胸罩　136

圖6-46　前交叉哺乳胸罩製圖　137

圖6-47　肩開釦哺乳胸罩托片製圖　138

圖6-48　肩開釦哺乳胸罩罩杯製圖　139

圖6-49　前開釦哺乳胸罩土台製圖　140

圖6-50　前開釦哺乳胸罩罩杯製圖　141

圖7-1　及腰胸罩馬甲　144

圖7-2　少裁片及腰馬甲製圖　145

圖7-3　多裁片及腰馬甲製圖　146

圖7-4　公主剪接線及腰馬甲　147

圖7-5　平口領及腰馬甲製圖　148

圖7-6　桃心領及腰馬甲製圖　149

圖7-7　桃心領馬甲　150

圖7-8　成衣及腰馬甲製圖　151

圖7-9　成衣及臀馬甲製圖　152

圖7-10　平口領馬甲　153

圖7-11　平口領單剪接線馬甲製圖　154

圖7-12　平口領雙剪接線馬甲製圖　155

圖7-13　胸大體型馬甲修圖　156

圖7-14　粗腰腹大體型馬甲修圖　157

圖7-15　胸大臀小體型馬甲修圖　158

圖7-16　胸小臀大體型馬甲修圖　159

圖7-17　及臀胸罩馬甲　160

圖7-18　及臀胸罩馬甲製圖　161

圖8-1　基本型三角褲　164

圖8-2　三角褲鬆緊帶款式　165

圖8-3　三角褲鬆緊帶開口款式　166

圖8-4　三角褲腰褶開口款式　167

圖8-5　剪接開口三角褲　168

圖8-6　剪接開口三角褲製圖　168

圖8-7　剪接開口三角褲紙型分版　169

圖8-8　訂製三角褲　170

圖8-9　訂製三角褲製圖　170

圖8-10　訂製三角褲紙型分版　171

圖8-11　脇剪接線位置調整　172

圖8-12　彈性三角褲　173

圖8-13　彈性三角褲基本款式　174

圖8-14　彈性三角褲低腰款式　175

圖8-15　彈性三角褲成衣款式　176

圖8-16　低腰高衩三角褲　177

圖8-17　三角褲簡易製圖　177

圖8-18　丁字褲　178

圖8-19　三角褲褲口線調整　179

圖8-20　彈性四角褲　180

圖8-21　彈性四角褲四片結構　180

圖8-22　四角褲二片結構　181

圖8-23　低腰四角褲　182

圖8-24　四角褲襠片結構　183

圖8-25　四角褲襠片結構簡易製圖　183

圖8-26　四角褲一片結構　184

圖8-27　變化褲一片結構　185

圖9-1　塑身衣　188

圖9-2　三角束褲　189

圖9-3　紙型分版差異　190

圖9-4　四角束褲　191

圖9-5　四角束褲基本結構　192

圖9-6　四腳束褲多片結構　193

圖9-7　四腳束褲強化結構　194

圖9-8　四腳束褲紙型分版　195

圖9-9　束腹　196

圖9-10　基本款式束腹　197

圖9-11　彈性款式束腹　198

圖9-12　腰夾　199

圖9-13　腰夾製圖　200

圖9-14　胸托　201

圖9-15　及腰胸托製圖　202

圖9-16　及臀胸托製圖　203

圖9-17　及臀胸托紙型分版　204

圖9-18　防駝背片　205

圖9-19　胸罩及臀裙塑身衣　206

圖9-20　胸罩及臀裙塑身衣製圖　207

圖9-21　胸罩及臀裙塑身衣紙型分版　208

圖9-22　胸罩及腿裙塑身衣　209

圖9-23　胸罩及腿裙塑身衣製圖　210

圖9-24　胸罩及腿裙塑身衣紙型分版　211

圖9-25　胸托三角褲塑身衣　212

圖9-26　胸托三角褲塑身衣製圖　213

圖9-27　胸托三角褲塑身衣紙型分版　214

圖9-28　胸托四角褲塑身衣　215

圖9-29　胸托四角褲塑身衣製圖　216

圖9-30　胸托四角褲塑身衣紙型分版　217

圖9-31　胸罩三角褲塑身衣　218

圖9-32　胸罩三角褲塑身衣製圖　219

圖9-33　胸罩三角褲塑身衣紙型分版　220

圖9-34　胸罩四角褲塑身衣　221

圖9-35　胸罩四角褲塑身衣製圖　222

圖9-36　胸罩四角褲塑身衣紙型分版　223

圖9-37　胸罩變化褲塑身衣　224

圖9-38　胸罩變化褲塑身衣基本款式　225

圖9-39　胸罩變化褲塑身衣基本款紙型分版　226

圖9-40　胸罩變化褲塑身衣機能款式　227

圖9-41　胸罩變化褲塑身衣機能款紙型分版　228

圖9-42　全合一機能型塑身衣　229

圖9-43　全合一機能型塑身衣製圖　230

圖9-44　全合一機能型塑身衣紙型分版　231

圖9-45　全合一機能型塑身衣裡層分版　232

圖10-1　襯裙　234

圖10-2　寬鬆襯裙製圖　235

圖10-3　合身襯裙製圖　236

圖10-4　裙撐　237

圖10-5　多層拼接裙撐製圖　238

圖10-6　合腰多層裙撐製圖　239

圖10-7　襯褲　240

圖10-8　短襯褲製圖　241

圖10-9　圓襬短褲製圖　242

圖10-10　及膝襯褲製圖　243

圖10-11　法式蕾絲襯褲　244

圖10-12　法式蕾絲襯褲製圖　244

圖10-13 褲襬切展版型設計　245

圖10-14 肚兜平面結構　246

圖10-15 肚兜立體結構　247

圖10-16 背心式襯衣　248

圖10-17 背心式襯衣製圖　249

圖10-18 背心式連身裙襯衣製圖　250

圖10-19 細肩帶襯衣　251

圖10-20 細肩帶襯衣製圖　252

圖10-21 細肩帶連身裙襯衣製圖　253

圖10-22 法式蕾絲襯衣　254

圖10-23 法式蕾絲襯衣製圖　255

圖10-24 版型扇形切展　256

圖10-25 版型水平切展　257

圖10-26 露背式連身襯裙　258

圖10-27 露背式連身襯裙製圖　259

圖10-28 露背式連身襯裙紙型分版　260

圖10-29 胸罩式連身襯裙　261

圖10-30 胸罩式連身襯裙製圖　262

圖10-31 胸罩式連身襯裙紙型分版　263

圖10-32 裙撐式連身襯裙　264

圖10-33 裙撐式連身襯裙製圖　265

圖10-34 裙撐式連身襯裙紙型分版　266

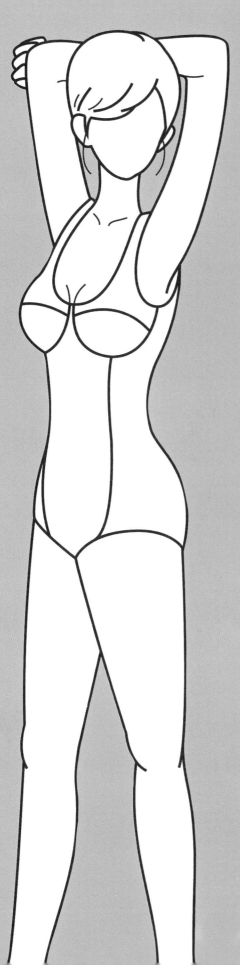

理論基礎篇

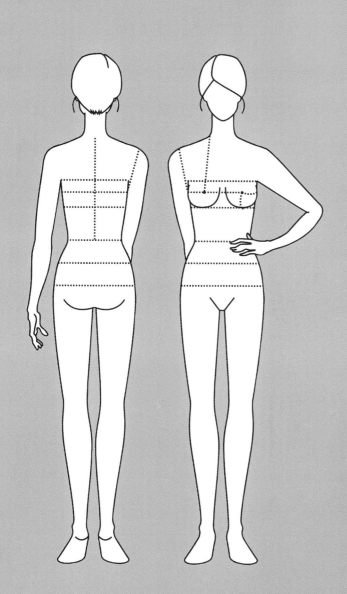

1

内衣版型基本概念

內衣是指穿在最裡層的衣物，女性內衣包括貼身的胸罩與內褲、維持體態矯型的塑身衣、吸汗防汙的襯衣與襯褲、撐出造型的馬甲與裙撐等（圖 1-1）。

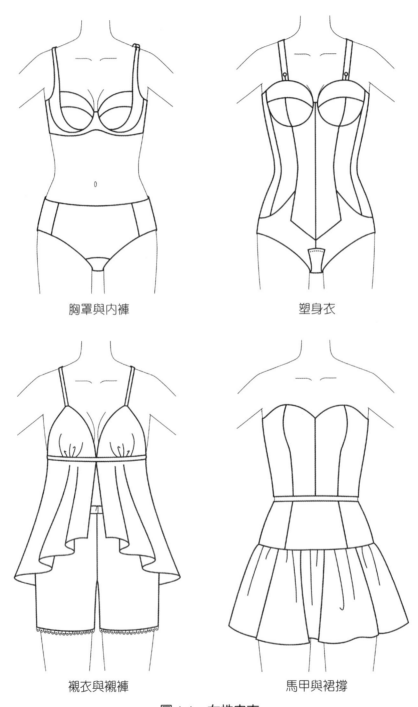

胸罩與內褲　　　　　　　　　塑身衣

襯衣與襯褲　　　　　　　　　馬甲與裙撐

圖 1-1　女性內衣

一、關於內衣版型

　　重視身形曲線美的女性選擇內衣時，會以穿著緊身的胸罩或是塑身衣，依賴內衣以推擠、壓迫的方式呈現乳溝、束出小蠻腰，來凸顯漂亮的胸腰線條。就人體健康的角度而言，緊束的內衣等於不合身的內衣，身體勒出痕跡，乳房擠出罩杯上緣，胸部沒有確實地被包覆，長期穿著也會影響血液循環或動作時呼吸不順暢。就服裝人體工學的角度而言，漂亮的身形曲線不應依賴內衣以擠壓方式呈現，維持漂亮的身形曲線亦不是內衣最主要的功能。合身的內衣穿著要舒適，將身上的肉完全包覆並能調整修飾身形而不緊束，可以因應生活動作有效地支撐及保護乳房，展現自然渾圓曲線的勻稱體態。

　　合身內衣畫版需根據設計款式量身取得所需要的各部位尺寸，並考量布料的彈性調整縮放，才能獲得打版的數據。版型教科書中所提供的計算公式與線條坐標點尺寸，為提供給學習製圖的參考值，無法適用於所有人。學習打版時應理解所使用計算公式之涵義，並想像身體曲線與版型弧線的關聯性，來感受版型的呈現。訂製內衣為個別量身取寸，依照體型需求進行平面打版，將每個人的身形差異納入考慮。例如胸小臀大或胸大臀小特殊身材比例的人，可藉由版型的調整使衣服穿著貼合體態，版型尺寸越精準，試穿補正工序越少。

二、內衣材質與版型鬆份

　　內衣穿著時貼合於身體，手工訂製選用布料的考量以親膚舒適為首要，穿著需透氣、不會感到悶熱。材質以天然棉纖維最佳，純棉布觸感柔軟、具有極佳的吸溼性與透氣性，穿上身的舒適度優於其他材質，且價格適中容易購買，最適合手作內衣縫製習作使用。

　　內衣布料可概分為有彈性布與無彈性布，布料的材質、經緯紗布紋方向、織物組織、厚度與彈性縮率，都會影響打版尺寸的拿捏。傳統訂製內衣採用無彈性的純棉平織布，堅固又耐穿，布紋經向低展延的穩定性可將胸、臀處的肉完全合身包覆以達到塑身功能，布紋斜向易變形的拉伸性可貼合乳房曲線給予彈性的空間。相對來說，無彈性布無法適應人體活動皮膚的展延，對於版型穿著貼身度與機能性補強

的要求就會更高。

使用彈性布製作打版時，則考量布料彈性的變化來測定款式需運用多少彈性量，例如泳衣、韻律裝使用的布料彈性越大，版型因應彈性需扣除的尺寸就越多，扣除彈性量所畫出的版型尺寸就會小於人體量身尺寸。每塊彈性布的彈性量都不相同，合身內衣畫版皆需考量布料彈性做尺寸調整，對於初學者來說不易掌握。不論使用何種布料製作內衣，反覆畫版、試穿修版，都是必須努力練習的過程。

成衣打版所使用的成品尺寸已含有鬆份，銷售服裝商品所標示的尺寸為衣服尺寸，皆不是人體測量尺寸。成衣內衣因製造商不同，採用的量身方式亦不盡相同，品牌尺寸會因款式版型的不同，尺寸的計算標準亦有些微差異。因此，電商業者會教育消費者測量內衣胸圍尺寸的方法，作為商品選購的參考，例如將胸圍稱為「胸上圍」，以身體前傾姿態量取尺寸（圖 1-2），這就是針對其販售商品的尺寸而言，僅能作為選擇該商品的參考。

身體前傾角度分別為 30°、45°、60° 時，乳房下墜的狀態都不一樣，胸圍尺寸亦會隨之改變。身體前傾姿態量取的尺寸會大於身體站直時量取的尺寸，所以這不是打版時會使用的採寸方法。學習打版在使用各種製圖參考資料時，都應先了解其量身的要點，以及版型尺寸與產品之間的關聯性。

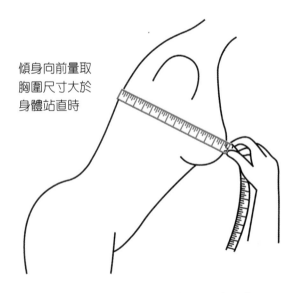

傾身向前量取
胸圍尺寸大於
身體站直時

圖 1-2　內衣商品的胸上圍尺寸量法

成衣內衣多以立體裁剪裁的方式，採用標準尺碼取得版型，運用彈性布與放大縮小版型尺寸方法，來適用於不同人體形態，滿足大眾體型差異的需求。胸罩商品使用「胸下圍」尺寸為尺碼標示（表 1-1）：日本市場採用公分制，每個尺碼相差 5 公分；美國市場為英寸制，採用偶數尺寸，每個尺碼相差 2 英寸。零售商銷售日本商品尺寸 70 公分，換算成歐美商品尺寸為 32 英寸，但以實際尺寸換算，70 公分約為 28 英寸，也就是說商品標示尺寸不一定與量身部位尺寸相同。

表 1-1　內衣商品胸下圍尺寸對照表

日本公分制	65	70	75	80	85	90	95	100
美國英寸制	30	32	34	36	38	40	42	44

　　訂製內衣打版使用不含鬆份的人體實際尺寸，版型的寬度是取三圍中最大圍度加上鬆份為準。平面打版若使用原型製圖，需先扣除原型所含的胸圍鬆份量；以立體裁剪操作取得版型，則需使用與人體裸體尺寸相同的人檯。不論是平面打版的數據計算或是立體裁剪的硬質人檯，皆不會精準無誤地符合人體，版型仍需經過試穿修正。

　　合身服裝的圍度鬆份量依款式與材質而定（表 1-2）：使用無彈性布製作貼身的胸罩、塑身衣打版使用人體裸身尺寸，不需要外加鬆份。使用無彈性布製作緊身衣、馬甲、襯衣，可因應呼吸與布料厚度需求加上 2 公分以上的基本鬆份。使用彈性布製作內衣，則需考慮布料經向與緯向的彈性，打版不僅不需要外加鬆份，還要適度地扣除彈性量。

表 1-2　訂製內衣基本寬鬆份參考表

寬鬆份	新文化式原型衣	緊身衣馬甲	無彈性胸罩塑身衣	連身襯裙	彈性針織塑身衣褲
胸圍 B	12 cm	0 cm	–2～0 cm	4～6 cm	–2～6 cm
腰圍 W	6 cm	1 cm	–2～0 cm	8 cm 以上	–6～2 cm
臀圍 H	4 cm	2 cm	–2～0 cm	4～10 cm	–10～2 cm

三、量身部位基準點的縮寫代號

依據版型製圖所需尺寸來進行量身,須設定量身部位的基準點與圍度(圖1-3)。製圖時會以量身部位的英文名稱縮寫,標示所繪製基礎架構線代表的位置(表1-3)。

表 1-3 量身部位的英文名稱縮寫

縮寫代號	量身部位與基準點	
B	Bust	胸圍
BP	Bust Point	乳尖點
BL	Bust Line	胸圍線
UBL	Under Bust Line	胸下圍線
W	Waist	腰圍
MH	Middle Hip	腹圍
H	Hip	臀圍
WL	Waist Line	腰圍線
MHL	Middle Hip Line	腹圍線
HL	Hip Line	臀圍線
SP	Shoulder Point	肩點
SNP	Side Neck Point	頸側點
FNP	Front Neck Point	前中心點
BNP	Back Neck Point	後中心點
KL	Knee Line	膝線
AH	Arm Hole	袖襱

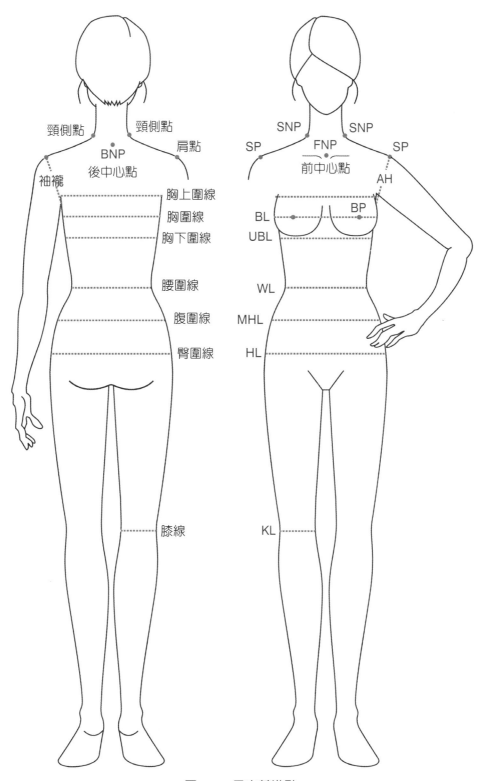

圖 1-3　量身基準點

四、量身方法

　　掌握正確的人體尺寸，為製作合身服裝的先決條件，量身必須仔細測量，尺寸一定要精準，在平面打版時才能繪製出正確的圖版。量身姿勢為身體站直、手臂自然下垂，自己量身時會抬舉手臂，並低頭看布尺，姿勢改變則會導致尺寸失準，因此不適宜自己量身。量身者進行量身取寸時，同時需注意被量身者體型的特徵，特殊體型可於打版製圖時進行調整。版型尺寸正確，試穿修版的工序就可精簡。

　　版型尺寸位置應以人體實際量身的對應位置為準，例如服裝的腰圍線會依流行款式設計為高腰線或低腰線，打版製圖時還是以量身的腰圍尺寸畫出完整版型後，再依照所設計的腰圍線樣式畫取高腰線或低腰線。

1. 胸圍 B（圖 1-4）：從身體正面，布尺通過乳尖點（乳頭）BP 水平量取身體一圈的圍度尺寸，應特別注意布尺在後身不可以歪斜下墜。胸圍為上半身的最大圍度，乳尖點 BP 為女性前身胸部最高點，是內衣版型設計變化的重點。

　　製作緊身衣、馬甲、襯衣，量取胸圍尺寸時，尺寸要包含胸罩罩杯的厚度，被量身者應穿著要配合該款服裝的胸罩與鞋子測量。製作胸罩、貼身塑身衣，量取胸圍尺寸時，尺寸不能含有胸罩罩杯的厚度，應穿著無襯墊胸罩或裸體測量。

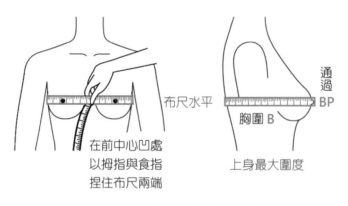

布尺水平

在前中心凹處
以拇指與食指
捏住布尺兩端

通過 BP

胸圍 B

上身最大圍度

圖 1-4　訂製內衣的胸圍量法

2. 胸上圍（圖 1-5）：從身體正面，乳房上緣膨起開始處，經過腋下水平量取身體一圈的圍度尺寸。尺寸測量為通過腋下點的圍度，而非通過 BP 的圍度。

3. 胸下圍 UB（圖 1-5）：從身體正面，乳房下緣膨起結束處，水平量取身體一圈的圍度尺寸。

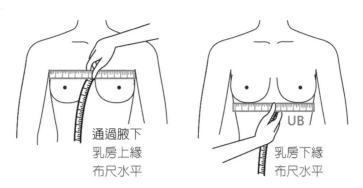

圖 1-5　胸上圍與胸下圍量法

4. 側乳寬（圖 1-6）：從乳尖點 BP，沿著乳房曲面橫向脇，量至乳房脇側膨起結束處。為胸罩打版時，罩杯寬度的參考尺寸。

5. 乳高（圖 1-6）：從乳尖點 BP，沿著乳房曲面直向腰，量至乳房下緣膨起結束處。為胸罩打版時，罩杯高度的參考尺寸。

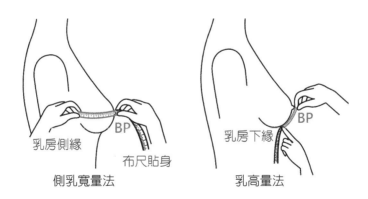

圖 1-6　側乳寬與乳高量法

6. 乳間寬（圖 1-7）：左右乳尖點 BP 之間的直線距離，乳間寬尺寸約為 16～20 公分。

7. 乳下長（圖 1-7）：側頸根部與肩之前後稜線的交界點為頸側點 SNP，是前後頸圍的分界點。乳下長從頸側點 SNP 量至乳尖點 BP，即前長尺寸的上半段。

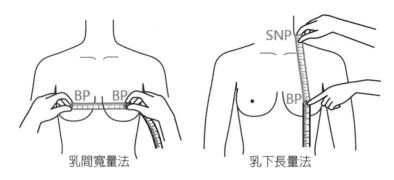

乳間寬量法　　　　　　　乳下長量法

圖 1-7　乳間寬與乳下長量法

8. 前中心長（圖 1-8）：前頸根部左右鎖骨之間，咽喉的凹陷處為前中心點 FNP，前中心長從前中心點 FNP 量至腰圍 W。

9. 前長（圖 1-8）：從頸側點 SNP 經過乳尖點 BP 量至腰圍 W，量取乳下長尺寸時向下延伸測量。為上衣打版時，前身裁片長度的基準尺寸，前長一定長於前中心長。

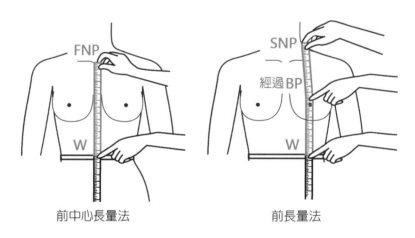

前中心長量法　　　　　　前長量法

圖 1-8　前中心長與前長量法

10. 胸寬與背寬（圖 1-9）：手臂自然垂下時，從前身腋窩下方，左前腋點量至右前腋點的直線距離為胸寬尺寸。從後身腋窩下方，左後腋點量至右後腋點的直線距離為背寬尺寸。

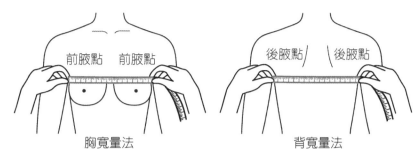

前腋點　前腋點　　　後腋點　後腋點

胸寬量法　　　　　　背寬量法

圖 1-9　胸寬與背寬量法

11. 腰圍 W（圖 1-10）：從身體正面，布尺水平量取軀體最小圍度一圈的圍度尺寸。可用一條細鬆緊帶束在腰上，或以手肘高、手插腰姿勢找到對應位置。

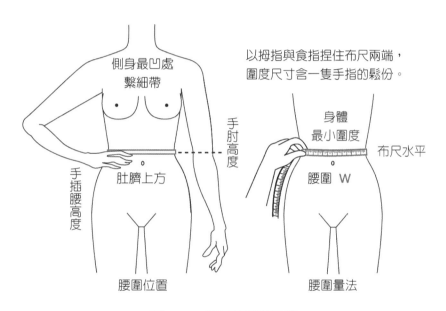

側身最凹處
繫細帶

以拇指與食指捏住布尺兩端，
圍度尺寸含一隻手指的鬆份。

手肘高度

身體最小圍度

布尺水平

手插腰高度

肚臍上方

腰圍 W

腰圍位置　　　　　　腰圍量法

圖 1-10　腰圍位置與量法

12. 背長（圖 1-11）：低頭時，後頸根部可以摸到凸出的頸椎骨為後中心點 BNP，背長從後中心點 BNP 量至腰圍 W。為上衣打版時，後身裁片畫取腰圍線位置的基準尺寸，一般女性背長尺寸約為 35～40 公分。

13. 衣長（圖 1-11）：從後中心點 BNP 開始測量至需求的長度，量取背長尺寸時向下延伸測量。以腰圍線 WL、臀圍線 HL 為測量上衣長短的參考依據，長度蓋過臀圍線的衣長，衣襬圍度須大於臀圍尺寸，打版時要畫出臀圍線以核對臀圍尺寸。

14. 後長（圖 1-11）：從頸側點 SNP 經過肩胛骨的凸起面量至腰圍 W。為上衣打版時，後身裁片長度的基準尺寸，後長一定長於背長。

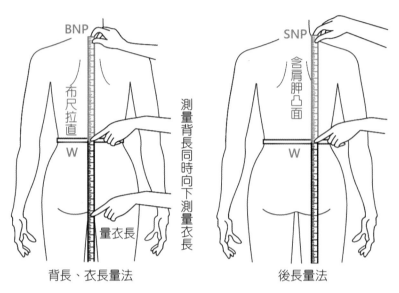

圖 1-11 　背長與後長量法

15. 臀圍 H（圖 1-12）：從身體側面，布尺通過臀部翹度最高處水平量取身體一圈的圍度尺寸，為下半身的最大圍度。標準體型的三圍尺寸應為臀圍最大、胸圍次之、腰圍最小。合身服裝版型打版時，以最大圍度為裁片寬度的基準尺寸。

16. 腹圍 MH：從身體側面，布尺水平量取腰圍與臀圍距離中間圍度一圈的圍度尺寸。凸腹體型，測量臀圍尺寸需加入腹部凸出的份量。

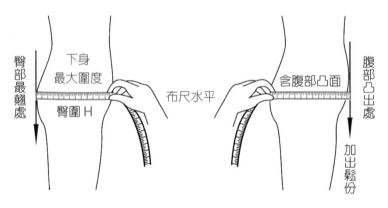

圖 1-12 　臀圍量法

17. 襠圍（圖 1-13）：從前腰中心跨過兩腿之間量到後腰中心的圍度尺寸，內褲打版所用的襠圍尺寸要貼合身體。

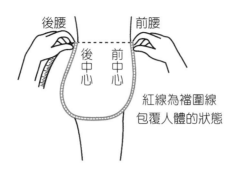

圖 1-13　**襠圍量法**

18. 腰長（圖 1-14）：從身體側面，腰圍 W 量至臀圍 H。打版時取腰圍與臀圍位置的基準尺寸，一般女性腰長尺寸約為 17～21 公分。

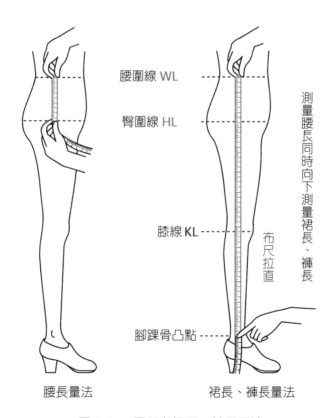

圖 1-14　**腰長與裙長、褲長量法**

19. 裙長與褲長（圖 1-14）：量取腰長尺寸時從腰圍 W 向下延伸至需求的長度。膝線 KL 為測量裙長的參考依據，足部外側腳踝骨凸點為測量褲長的參考依據，長度不包含腰帶的寬度。

20. 股上長（圖 1-15）：在兩腿間夾一把直尺抵住身體確認褲襠底位置，從身體側面，腰圍 W 量至直尺為股上長。褲子打版時，褲襠底位置的基準尺寸。一般女性股上長尺寸約為 26～29 公分，股上長一定長於腰長。

21. 大腿圍（圖 1-15）：大腿最粗處水平量取大腿一圈的圍度尺寸，可在兩腿間夾一把直尺抵住身體確認大腿根部位置。

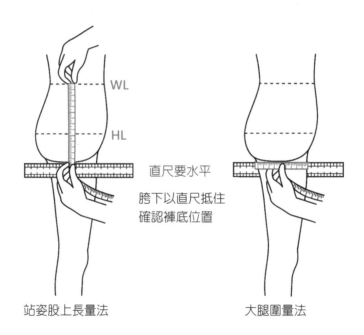

站姿股上長量法　　　　　　　大腿圍量法

圖 1-15　股上長與大腿圍量法

22. 參考尺寸：依照量身對應位置（圖 1-16）並參考標準體型，內衣製圖所需基本尺寸如表 1-4。

表 1-4　量身尺寸表

量身部位	胸圍	腰圍	臀圍	背長	腰長	股上長	襠圍
標準尺寸	84	64	92	38	18	27	68
自己尺寸							

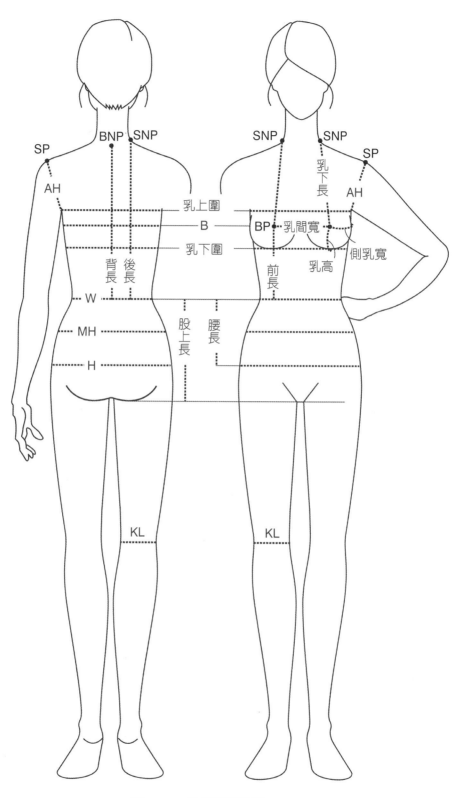

圖 1-16　量身對應位置

五、製圖符號

製圖時會以簡單的符號標示繪製線條代表的意義或裁剪縫製時應使用的方法，這些符號對於識圖非常重要，頁 18～21 以圖示作簡要的說明。

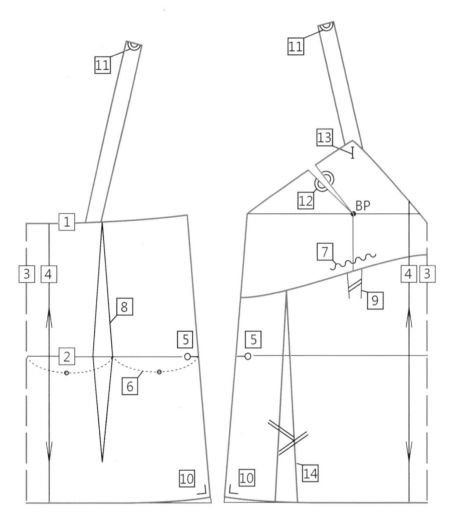

1 ——————— 完成輪廓線　版型的完成線條，以粗線或色線表示。

2 ——————— 製圖基準線　製圖的基本線條，以細線表示。

3 —— —— —— 裁剪折雙線　裁剪時，紙型對著布料雙層折邊的線。

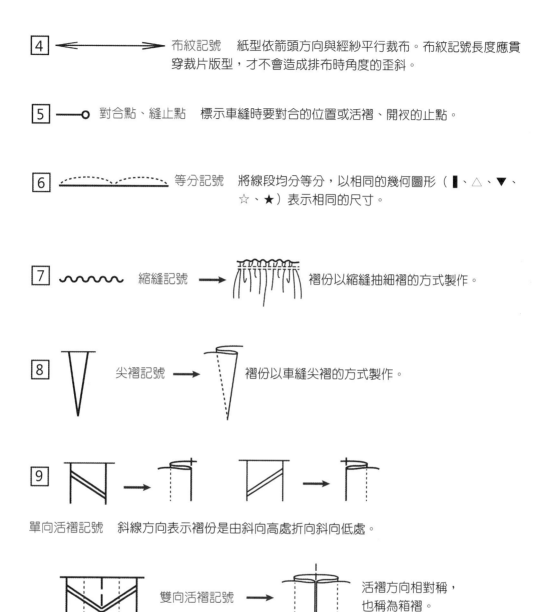

4　⟷　布紋記號　紙型依箭頭方向與經紗平行裁布。布紋記號長度應貫穿裁片版型，才不會造成排布時角度的歪斜。

5　⟶○　對合點、縫止點　標示車縫時要對合的位置或活褶、開衩的止點。

6　⌒⌒⌒　等分記號　將線段均分等分，以相同的幾何圖形（▮、△、▼、☆、★）表示相同的尺寸。

7　〜〜〜　縮縫記號　⟶　褶份以縮縫抽細褶的方式製作。

8　尖褶記號　⟶　褶份以車縫尖褶的方式製作。

9　單向活褶記號　斜線方向表示褶份是由斜向高處折向斜向低處。

雙向活褶記號　⟶　活褶方向相對稱，也稱為箱褶。

10　⌐　直角記號　⟶　標示線段的交叉點須成為直角，相接縫的線取直角使線條順暢。

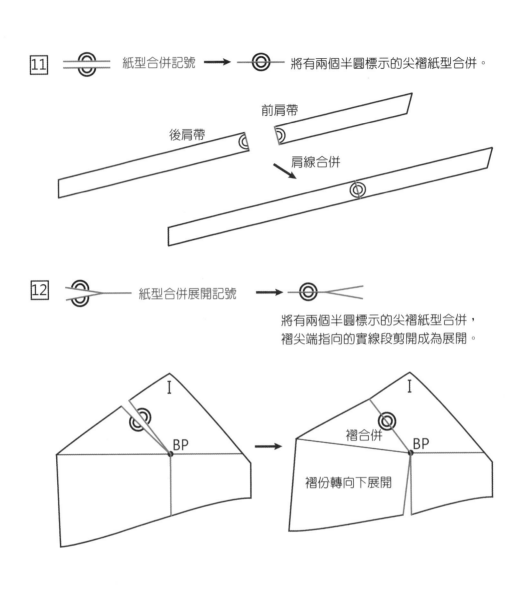

11 ◎ 紙型合併記號 → ◎ 將有兩個半圓標示的尖褶紙型合併。

前肩帶

後肩帶

肩線合併

12 ◎ 紙型合併展開記號 → ◎ 將有兩個半圓標示的尖褶紙型合併，褶尖端指向的實線段剪開成為展開。

Ⅰ

BP

Ⅰ

褶合併

BP

褶份轉向下展開

13 ├─┤ 釦洞記號 → 釦子的直徑

釦子的厚度

釦洞尺寸為釦子的直徑加厚度。

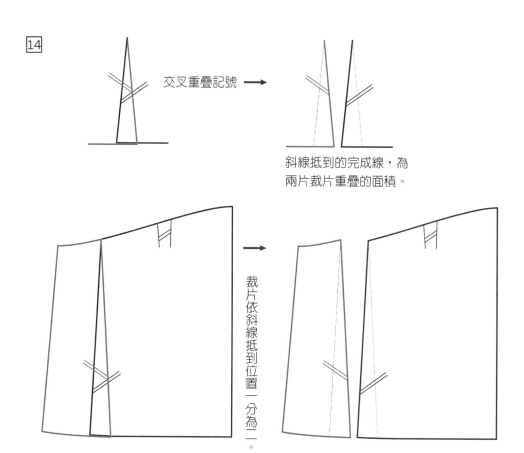

交叉重疊記號 ➡

斜線抵到的完成線，為
兩片裁片重疊的面積。

裁片依斜線抵到位置一分為二。

2

原型的使用與說明

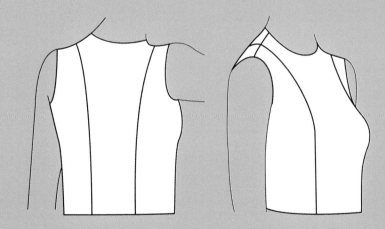

「原型」是指符合人體體型的最基本版型，為服裝構成與版型設計的基本款式，可以此作為版型款式變化的依據。教學用原型為適應大部分的體型，多以平均值計算採寸，並非適用於所有人，個人尺寸比例若與平均值有差異時，需核對量身尺寸進行版型的修正，或以試穿方式進行補正。

一、文化式原型

　　「文化式原型」是日本文化女子大學因應教學需求，以胸圍與背長尺寸為基礎，換算繪製尺寸的比例式原型。因使用的量身尺寸少，且教學資料系統完備，是教育界最常使用的原型[1]。西元1999年日本文化女子大學對原型進行了最新的一次修正，以包裹身體原理的角度思考將原型從本質上做了與以往最大的變革，稱為「成人女子用原型」（三吉滿智子，2000，頁125），也稱為「新文化式原型」。為與之前使用的原型區別，將變革前使用的「婦人原型」稱為「舊文化式原型」。新舊文化式原型最大的差異點，就是胸褶的呈現方式（圖2-1）。

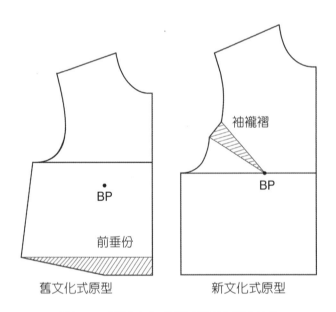

袖襱褶

BP

BP

前垂份

舊文化式原型　　　　新文化式原型

圖 2-1　新舊文化式原型胸褶呈現方式

---

[1] 「文化式」教學叢書可參閱中文版的《文化服裝講座》，實踐家專服裝設計科編，內容以「舊文化式原型」為主；日文版的《服飾造型講座》，文化服裝學院編，內容以「新文化式原型」為主。

新舊文化式原型皆採用以胸圍尺寸為主要製圖項目的胸度式製圖法，使用相同的量身取寸方法，所以可利用褶轉移的方式將原型的「胸褶轉移」[2]至脇線，再將兩原型套疊，就能明瞭兩者版型的差異性（圖 2-2）。從疊圖可以清楚看出，新文化式原型前片的長寬與胸褶份量，都比舊文化式原型大，這就是版型立體化因應現代女性胸部發育豐滿所做的修改。

　　新文化式原型的標準尺寸胸褶角度 18.5°、BP 點較高，以袖襱褶方式呈現（圖 2-3）。腰褶不車縫份時的胸圍寬鬆份 12 公分，腰褶車縫後的胸圍鬆份僅剩胸圍尺寸的 10%。胸圍有前後差，前片的長度與寬度都大於後片（圖 2-6）。

　　舊文化式原型的標準尺寸胸褶角度約 13°，胸褶量以「前垂份」方式置於腰線（圖 2-4）。胸圍寬鬆份 10 公分，胸圍沒有前後差、前後片相同。若以舊文化式原型打版合身服裝，前長不足、胸褶份量偏小，穿著時容易呈現平面壓胸的狀態，應加長前長尺寸並加大胸褶份量。

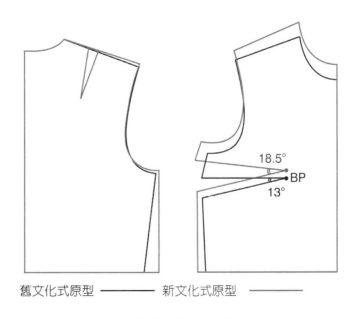

舊文化式原型 ──────── 新文化式原型 ────────

圖 2-2　新舊文化式原型套疊

---

2 「胸褶轉移」參閱《一點就通的服裝版型筆記》，夏士敏著，內容探討服裝打版的基本理論與裁剪技術圖解，為提供給初學入門者的自習書，2021 年由台北五南出版社出版。

二、新文化式原型（成人女子用原型）

基礎架構

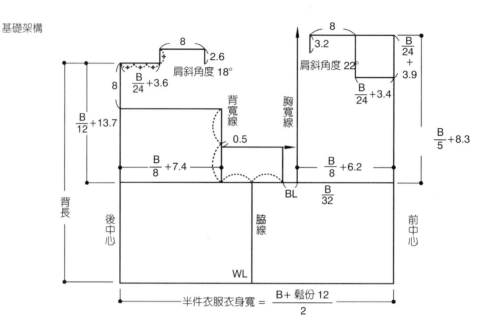

先畫出前肩線，前肩尺寸加肩褶寬度為後肩線尺寸。

輪廓線

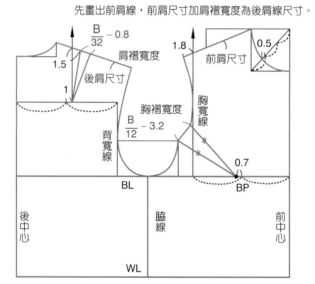

圖 2-3　新文化式原型製圖

三、舊文化式原型（婦人原型）

基礎架構

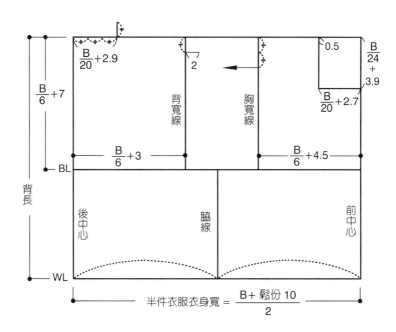

半件衣服衣身寬 = $\dfrac{B+ 鬆份 10}{2}$

輪廓線

先畫出後肩線，
後肩尺寸扣除肩褶 1.8 為前肩線尺寸。

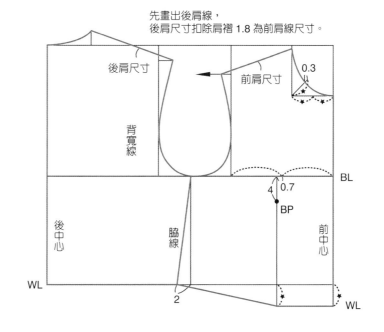

圖 2-4　舊文化式原型製圖

使用前片原型時，將腰線含前垂份畫成水平線，前後片的脇邊線會不等長，產生前後差。前後差即是前垂份，將前垂份上移畫成脇褶，褶尖指向 BP，就能明瞭胸褶的呈現方式（圖 2-5）。

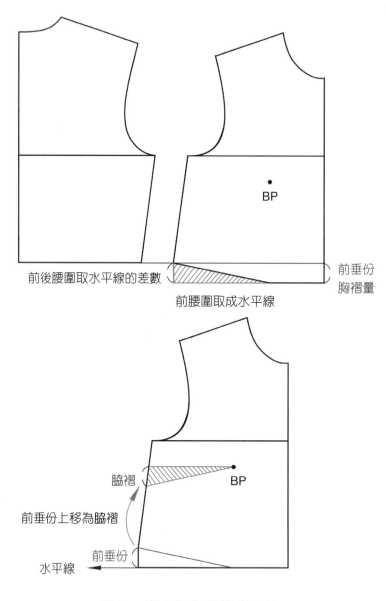

圖 2-5　舊文化式原型的前垂份

四、原型褶份分配

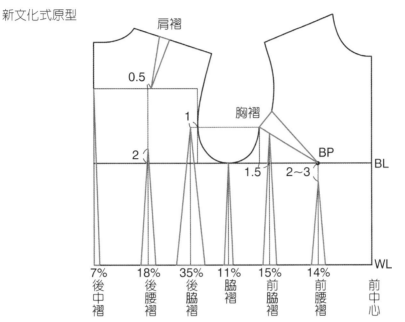

新文化式原型

肩褶

0.5

1

胸褶

2

BP

1.5   2~3

BL

WL

7%   18%   35%   11%   15%   14%
後   後   後   脇   前   前   前
中   腰   脇   褶   脇   腰   中
褶   褶   褶   褶   褶   心

半件腰褶量 = $(\frac{B}{2}+6) - (\frac{W}{2}+3)$　再依各褶所占百分比份量分配腰褶量

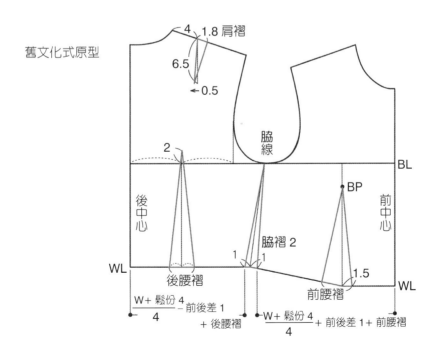

舊文化式原型

4 1.8 肩褶

6.5

← 0.5

脇線

2

BP

後中心

前中心

脇褶 2

BL

WL

1   1

前腰褶

1.5

WL

後腰褶

$\frac{W+鬆份\ 4}{4}$ −前後差 1 + 後腰褶

$\frac{W+鬆份\ 4}{4}$ + 前後差1+ 前腰褶

圖 2-6　原型褶份分配

五、褶子轉移

　　新文化原型胸褶以袖襱方向的袖襱褶呈現，利用褶子轉移的方法，可得到滿足人體立體形態需求的各種內衣胸部線條變化之原型（圖 2-7）。胸褶為做出胸部乳房的高度，胸褶角度與寬度在乳房的圓錐立體範圍內是固定的。只要以 BP 為圓心，不論胸褶的方向為何，乳房圓錐立體範圍內的褶份都不會改變，衣服胸部乳房的高度亦維持不變。

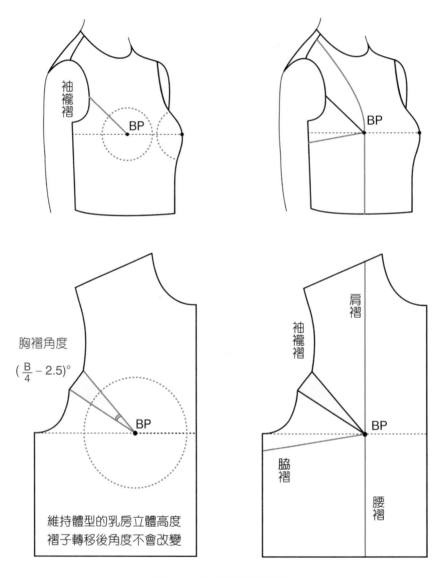

圖 2-7　胸褶轉移設計線

在立體結構的前提下，「胸褶轉移」可以將設計線條切轉於乳房立體圓錐狀的任何方向位置。使用半透明膠板或硬紙板製作「原型板」，直接以轉動板子合併褶份的方式，描繪原型於製圖上進行褶子轉移操作。原型板轉動的方向為將褶份合併縮小的方向，原型板轉動的過程若將全部線條都描繪出來會混亂視覺，因此只描繪確定且需要的線條，如圖 2-8 的實線部分。

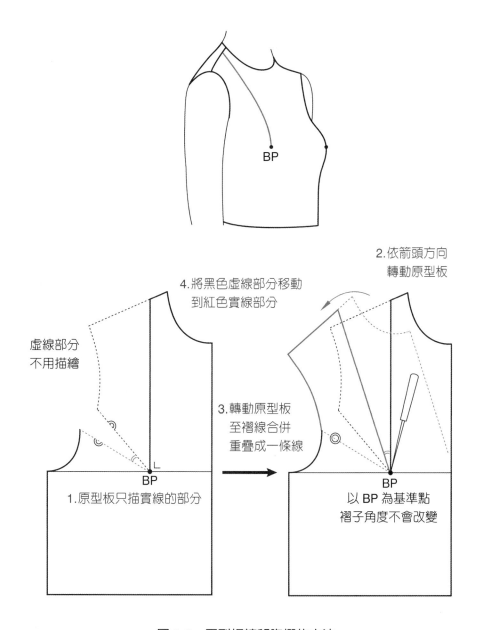

圖 2-8　原型板轉移胸褶的方法

將胸褶轉成脇邊方向的脇褶，版型就與舊文化原型前垂份以脇褶呈現方式一樣，制式的女裝最常使用脇褶做出胸部乳房的高度（圖2-9）。

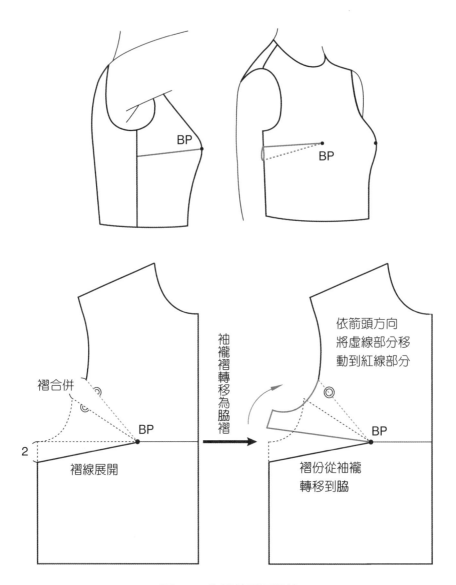

圖2-9　胸褶轉移至脇線

將胸褶轉成腰圍方向的腰褶，版型就與舊文化原型形式一致，也就是將褶份設定為前垂份，腰圍線不是水平線，衣服穿著時被胸部乳房的高度撐起才會呈現水平（圖 2-10）。

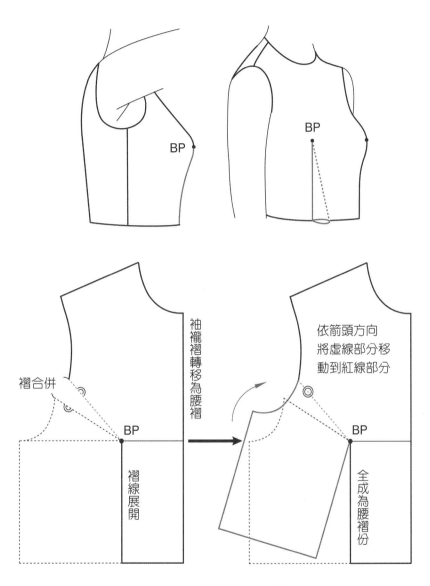

圖 2-10　胸褶轉移至腰線

褶子轉移的方法：一是轉動原型板，描繪原型於製圖紙上直接進行褶子轉移的方式（圖 2-8）；二是另外描繪一份原型，將重新描繪的原型裁剪下來、褶子黏貼合併，再將開口線條剪開、攤平紙型（圖 2-11）。兩種方法產出的版型都是相同的，依自己的習慣打版，順手即可。

胸褶以 BP 為圓心，褶子轉移要能維持衣服胸部乳房的立體結構為重點。使用無彈性布製作貼合立體身形的服裝，除了胸褶做出衣服胸部乳房的高度之外，還需要腰褶做出腰身，例如新文化式原型腰褶數就有十一條。使用原型製作合身的衣服，要將所有褶子縫合，但是太多的褶線又會使衣服視覺顯得凌亂。打版前可先以褶子轉移的操作方式，轉移褶份減少褶線數，製作出合腰服裝的原型板（圖 2-12）。合腰的原型板亦可依內衣設計胸部線條需求，將肩褶轉移為脇褶（圖 2-13）或腰褶（圖 2-14）。

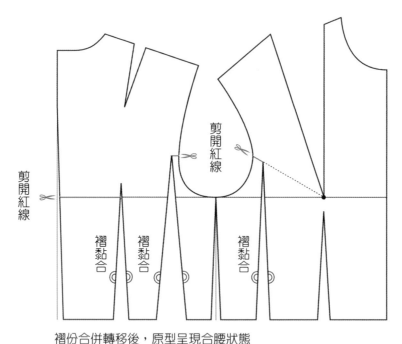

褶份合併轉移後，原型呈現合腰狀態

圖 2-11　腰褶轉移

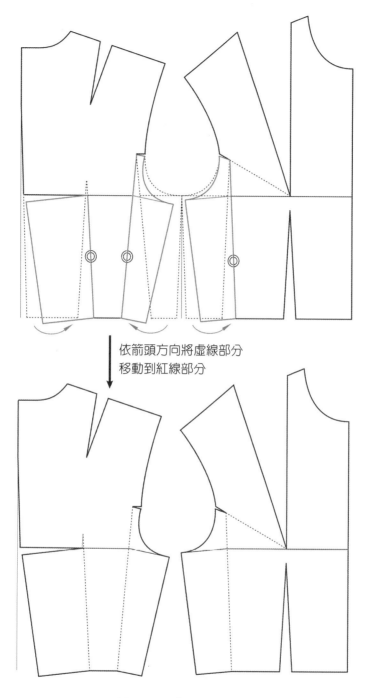

依箭頭方向將虛線部分
移動到紅線部分

圖 2-12　合腰服裝原型

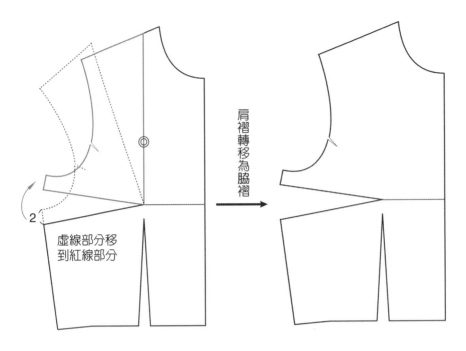

圖 2-13　肩褶轉移至脇線

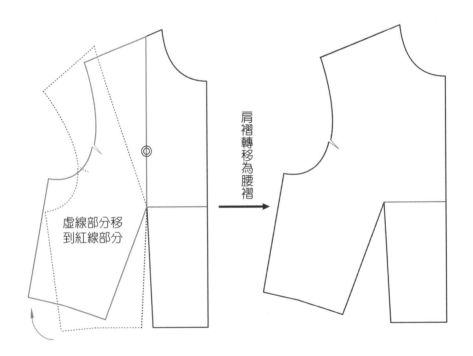

圖 2-14　肩褶轉移至腰線

合身衣服採用尖褶繪製的版型，多褶線會使款式設計受到限制，褶份可以剪接線方式處理（圖2-15）。繪製上半身與下半身相連、腰線沒有剪接的連身款式服裝，使用公主線剪接版型，比採用褶線設計版型有更大的尺寸調整空間，可以做出更好的合身效果（圖2-16）。合腰服裝原型腰圍線不是水平線，無法向下直接延伸衣長，適合使用繪製腰線有剪接款式的服裝（圖2-17）。

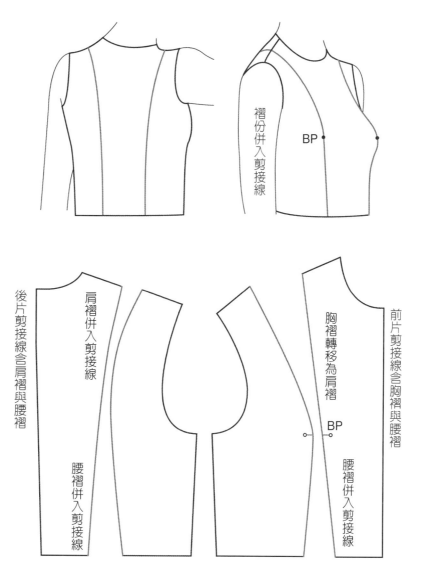

圖2-15　公主剪接線版型

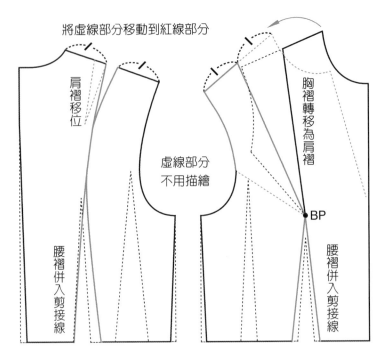

將虛線部分移動到紅線部分

肩褶移位

虛線部分
不用描繪

胸褶轉移為肩褶

BP

腰褶併入剪接線

腰褶併入剪接線

圖 2-16　褶轉移為公主剪接線

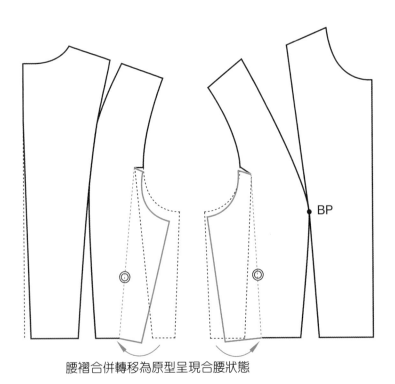

BP

腰褶合併轉移為原型呈現合腰狀態

圖 2-17　公主剪接線合腰原型

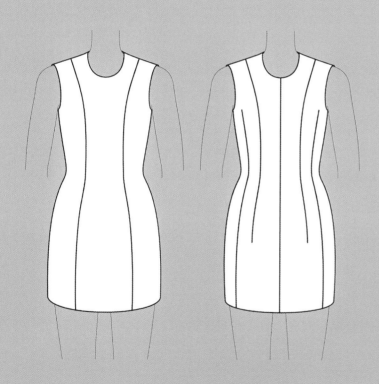

3

緊身衣的版型結構

「緊身衣」是包裹人體身軀部分最合身狀態的服裝，上半身與下半身相連、腰線沒有剪接，以呼吸基本需求的最少鬆份打版。使用胚布製作緊身衣試穿可清楚展現身體凹凸曲線的形態，進而了解體型與補正版型，以作為合身度要求高的服裝款式基本原型。試穿用的緊身衣為減少設計線條且容易製作，盡量以最少褶線且容易縫製的構成條件打版，使用公主線剪接是較佳的方式。公主剪接線經過肩、胸、腰、臀，三圍線與緯紗同向水平；依人體曲面直向取褶，前後中心線須與經紗同向垂直；試穿時可逐步核對尺寸，有明確的基準線進行體型補正，或修正因布紋不順而出現的斜向拉扯紋路。

　　連身衣依款式需求決定版型構成的方式，依機能需求分別調整三圍尺寸鬆份量與脇線前後差。馬甲常採用前後片分開、脇邊線有剪接的公主剪接線製圖，以胸圍尺寸為版型寬度基準，打版由胸圍往下延伸畫取腰圍線與臀圍線，三圍尺寸由單褶線集中調整。塑身衣常採用前後片相連、脇邊線沒有剪接的多褶線製圖，以臀圍尺寸為版型寬度基準，打版由臀圍往上延伸畫取腰圍線與胸圍線，三圍尺寸由多褶線分散調整（圖 3-1）。

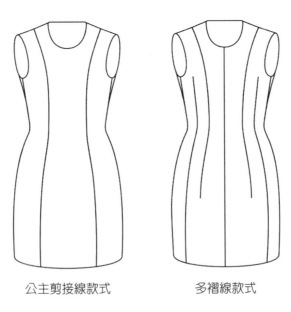

公主剪接線款式　　　　多褶線款式

圖 3-1　緊身衣

一、布料彈性與版型鬆份

考慮穿著時動作需求量，依布料彈性不同，版型所加的鬆份量或扣除的彈性量皆不同。以無彈性布製作緊身衣，要因應人體曲面取褶做出腰身橢圓立體的狀態。但是如原型般多條的腰褶線實際運用不易，初學者不清楚褶子的意義，會將腰褶份直接由脇邊扣除。以平面思考方式才會直接扣除褶份，意味著腰身呈現扁平狀態且是蜂腰體型，身體腰部曲度都在脇側（圖3-2）。只有高彈性布可直接利用布料彈性，不需要褶線就能畫出相似形狀的版型，就無彈性布而言這類的版型線條是不合理的。

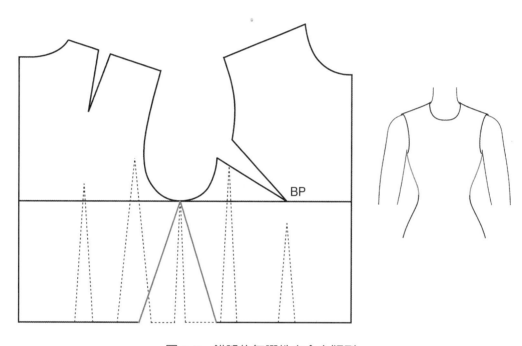

圖 3-2　錯誤的無彈性布合身版型

高彈性布不需要製作褶線，製作有胸墊的緊身款式服裝，罩杯處仍需額外加入襯墊厚度所需要的鬆份尺寸。運動時穿著的貼身服裝使用高彈性布，圍度緯向尺寸動作需求的拉伸度大，可扣除人體圍度尺寸的 10～20%；身長經向尺寸動作需求的拉伸度小，經向尺寸可扣除人體長度尺寸的 0～5% 使用。高彈性布利用織物的彈性撐出人體曲面，直接帶入三圍尺寸就可以做出合身的款式，例如泳衣、韻律服（圖3-3）。中低彈性布過度拉伸，會因延展性不足而出現扭曲或斜向紋路，須適度加入褶份量與鬆份量，以符合款式的需求，例如馬甲、襯衣褲（圖3-4）。

二、高彈性緊身衣

①原型胸褶份不須轉移（圖2-3），以背長取腰圍位置、以腰長尺寸取臀圍位置。

②彈性布利用織物彈性撐出人體曲面，原型的褶份皆可忽略，前後長尺寸取等長。

③圍度尺寸不需加鬆份，直接分為前、後、左、右而除以4。計算所得尺寸為穿著時布料彈性不拉伸的狀態，高彈性布可因應彈性變化再扣除尺寸。

④與原型相較，**脇邊接縫線**的視覺位置偏前，脇線提高0～2公分縮小AH尺寸。

⑤邊接縫線呈現極斜的角度，是高彈性布才會出現的版型線條。

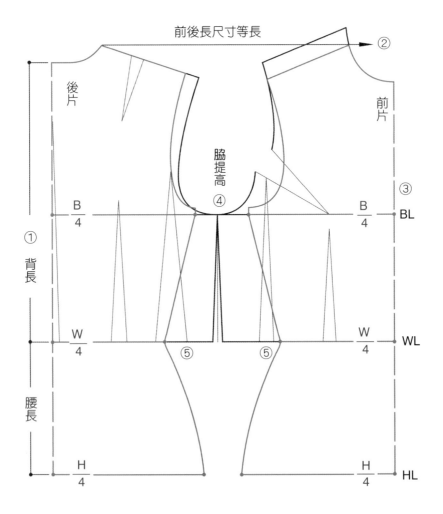

圖3-3　高彈性緊身衣製圖

三、中低彈性緊身衣

①原型胸褶份不須轉移（圖2-3），以背長取腰圍位置、以腰長尺寸取臀圍位置。

②後肩提高份量為前肩降低份量，利用肩線前移調整前後長與前後 AH 尺寸比例。

③圍度尺寸不需加鬆份，或因應呼吸與布料厚度取最少 2 公分的基本鬆份，分為前、後、左、右而除以 4。

④與原型相較，**脅**邊接縫線的視覺位置偏前，**脅**線提高 0～2 公分縮小 AH 尺寸。

⑤腰圍加褶份 1.5～3 公分調整**脅**邊接縫線的斜度，避免因布料延展性不足而出現扭曲或斜向紋路。

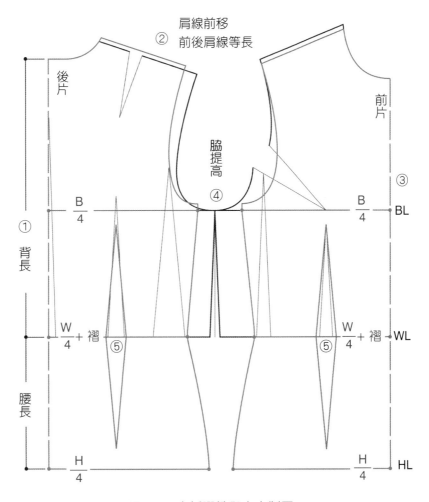

圖 3-4 中低彈性緊身衣製圖

四、無彈性緊身衣

基礎架構（圖 3-5）

①原型胸褶轉移為公主剪接線（圖 2-16），以背長取腰圍位置、腰長尺寸取臀圍位置、衣長尺寸取裙襬位置（圖 3-5），參考尺寸如表 1-4。

②脇邊平行內移扣除原型胸圍所含的（$\dfrac{鬆份量}{2}$），**脇線**提高 0～2 公分縮小 AH 尺寸。

③臀圍尺寸因應活動與布料厚度加 2 公分基本鬆份，直接分為前、後、左、右而除以 4，以 ±0.5～1.5 公分的前後差調整脇邊接縫線在側身的視覺置中位置。

④連接腰圍至臀圍之間的**脇邊線**，**脇邊線**弧度參照身形曲線，確定**脇邊輪廓線**。

⑤後中心若做開口，可扣除 0～1.5 公分的腰褶份，如同加大原型後中褶的份量。

⑥輪廓線確定後，計算腰圍尺寸。腰圍尺寸因應活動與布料厚度加 2 公分基本鬆份，以 ±0.5～1.5 公分的前後差調整**脇**邊接縫線在側身視覺置中位置，計算所得的尺寸與**脇**邊輪廓線的差距為腰褶份，後腰褶份量☆、前腰褶份量★。

⑦輪廓線確定後，計算胸圍尺寸。胸圍尺寸因應呼吸與布料厚度加 2 公分基本鬆份，以 ±0.5～1.5 公分的前後差調整**脇**邊接縫線在側身視覺置中位置，計算所得的尺寸與**脇**邊輪廓線的差距為多餘的間距，後片間距△、前片間距▲。

褶線位置（圖 3-6）

⑧後片腰圍寬度取垂直中線，為後公主剪接線的位置依據。前片取 BP 垂直線，為前公主剪接線的位置依據。

⑨腰圍的腰褶份均分於公主剪接垂直中線的兩側，豐滿體型或有小腹者，前腰褶線可畫成弧線做出曲面。

⑩胸圍的間距與肩褶，併入公主剪接線扣除。

無彈性緊身衣製圖（圖 3-7）

　　裁剪採後中心做開口，前中心取折雙線，為前後兩片構成的方式。上半身雖採用原型為基礎架構，仍必須重新核算合身的胸圍與腰圍尺寸，將多餘份量移位至裁片中間，採用尖褶或剪接線方式扣除，不能以圖 3-2 錯誤的方式直接由脅邊刪除。

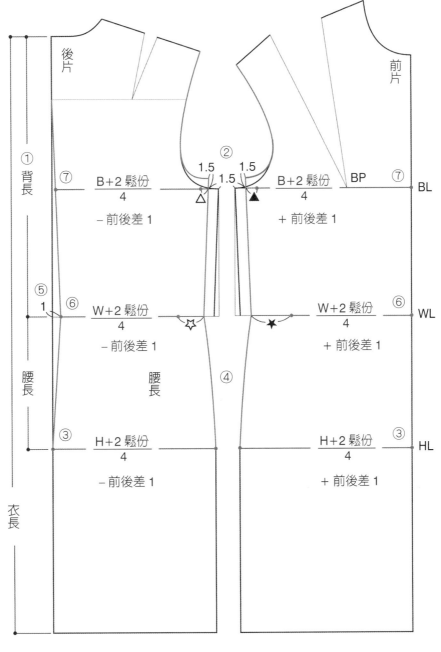

後片　　　　　　　　　　　　　　　　　前片

① 背長

⑦　$\dfrac{B+2\ 鬆份}{4}$　$-$ 前後差 1

② 1.5　1.5
1.5

BP　⑦　BL

$\dfrac{B+2\ 鬆份}{4}$　$+$ 前後差 1

⑤ 1　⑥　$\dfrac{W+2\ 鬆份}{4}$　$-$ 前後差 1

⑥　$\dfrac{W+2\ 鬆份}{4}$　$+$ 前後差 1　WL

腰長　腰長　④

③　$\dfrac{H+2\ 鬆份}{4}$　$-$ 前後差 1

③　$\dfrac{H+2\ 鬆份}{4}$　$+$ 前後差 1　HL

衣長

圖 3-5　緊身衣基礎架構

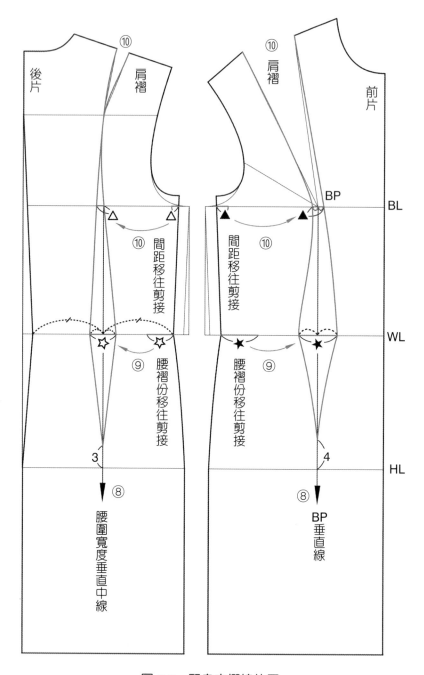

圖 3-6　緊身衣褶線位置

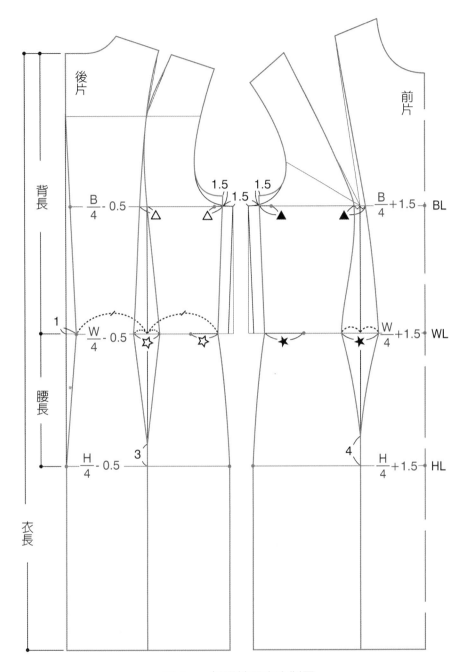

圖 3-7　無彈性緊身衣製圖

五、無彈性塑身衣

基礎架構（圖 3-8）

①脇邊線沒有剪接的衣版，打版以最大圍度臀圍尺寸計算版型寬度，直接分為左半身與右半身而除以 2，塑身衣要完全貼合身體不加鬆份。以背長取腰圍位置、以腰長尺寸取臀圍位置，衣長取包覆大腿圍的長度，以股上長取襠底線。

②臀圍寬度是版型寬度尺寸基準，後中心線與前中心線都是由臀圍往上畫，沿後中心線描繪原型後片（虛線）。

③後中褶 e 可扣除 0～1.5 公分臀圍與腰圍的差數，如同加大原型後中褶的份量。

④腰圍圍度扣除後中褶 e 與前中褶 0～0.7 公分再計算尺寸，腰圍尺寸與脇邊輪廓線的差距是臀圍與腰圍的差數，即為腰褶份★。

⑤胸圍圍度扣除後中褶間距▽再計算尺寸，胸圍尺寸與脇邊輪廓線的差距是臀圍與胸圍的差數，即為多餘的間距▲。

褶線位置（圖 3-9）

⑥沿前中心線描繪原型前片（實線），原型的前後脇邊會重疊。取原型腰褶寬度垂直中線為腰褶位置依據，腰褶份量均分於垂直中線的兩側。

⑦腰褶份尺寸★均分為 4 褶☆，前褶以 ±0.5 公分的差數調整尺寸分配畫褶：後腰褶 d ＝☆、後脇褶 c ＝☆；前脇褶 b ＝☆－0.5、前腰褶 a ＝☆＋ 0.5。

⑧胸間距尺寸▲均分為 2 等份△，利用原型後腰褶 d 與後脇褶 c 位置扣除。

⑨紅色虛線為褶長參考線，褶長與褶線弧度依體型曲面決定，前身曲面為腹部高度，後身曲面為臀部高度。

無彈性塑身衣製圖（圖 3-10）

採前中心做開口，後中心裁開成為左右兩片，多裁片構成的方式。上半身雖採用原型為基礎架構，仍必須重新核算合身的胸圍與腰圍尺寸，將多餘份量皆參照原

型的褶子位置，以尖褶或剪接線方式扣除。衣襬圍度可利用剪接線刪除尺寸，以符合脅邊大腿內收的身體線條。

以標準尺寸（表 1-4）計算，半件衣身寬度為臀圍算式（$\frac{H92}{2}$）= 46 公分：

腰圍算式 46 公分 =（後中 1.5 + $\frac{W64}{2}$ + 腰褶★ 12 + 前中 0.5）：

胸圍算式 46 公分 =（後中▽ 0.4 + $\frac{B84}{2}$ + 間距▲ 3.6）。

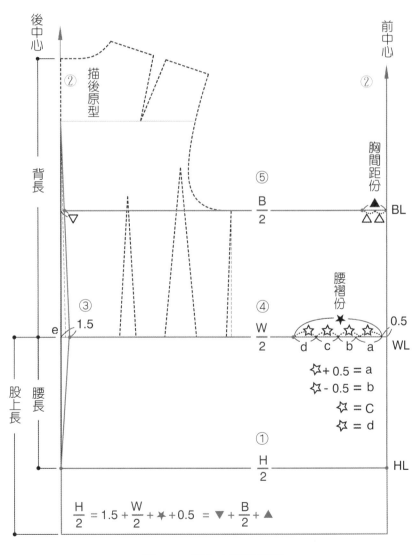

圖 3-8　塑身衣基礎架構

以標準尺寸（表 1-4），計算褶份：

間距份▲為 3.6 公分，均分為 2 等份△，△ = 1.8 公分。

腰褶份★為 12 公分，均分為 4 褶☆，☆ = 3 公分：

前褶 a ＝（☆ 3 ＋ 0.5）＝ 3.5 公分，前褶 b ＝（☆ 3 － 0.5）＝ 2.5 公分，

後褶 c、後褶 d ＝☆＝ 3 公分。

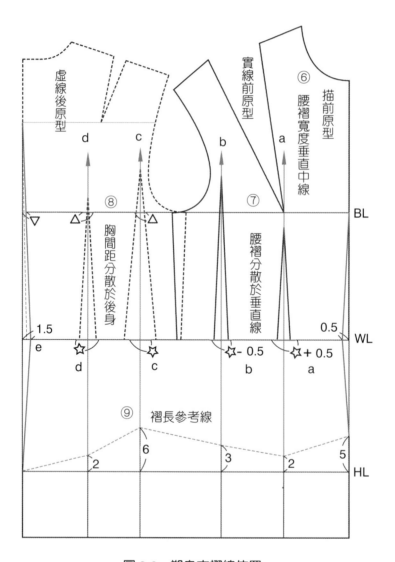

圖 3-9　塑身衣褶線位置

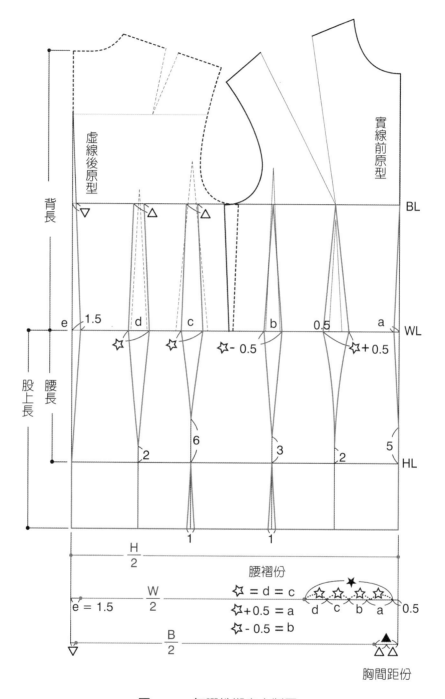

圖 3-10　無彈性塑身衣製圖

4

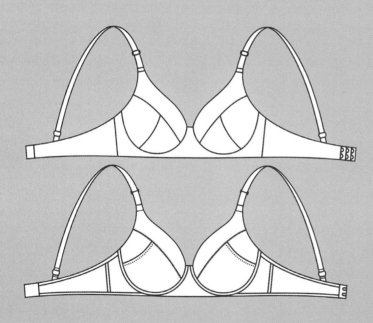

胸罩的基本概念

「胸罩」為包覆乳房部位，提供乳房形狀的支撐，活動時增加承托力可保護乳房避免晃動。胸罩打版是以胸圍的細部尺寸計算，0.1 公分誤差值都可能造成線條的不順暢，版型要求絕對精準。胸罩由許多小裁片組合而成，結構名稱、主副料配件與外著上衣皆不同，打版前應先了解其專有的知識概念。

一、胸罩的構造名稱

正面構造名稱（圖 4-1）

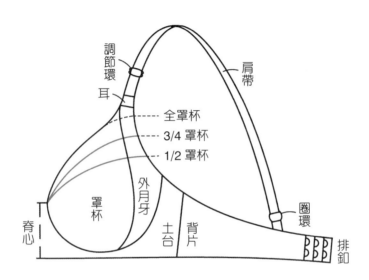

圖 4-1　胸罩正面構造名稱

1. 罩杯：胸罩包覆乳房的主體部位，一般依包覆面積分為「全罩杯」、「3/4 罩杯」、「1/2 罩杯」。全罩杯可將乳房完全包覆在罩杯內，為最具保護與支撐作用的罩杯，是罩杯的基本型，訂製內衣多採用全罩杯版型。3/4 罩杯將乳房斜向上托往中間集中做出乳溝的視覺，是成衣常用的內襯模杯款式。1/2 罩杯又稱為「半罩」，搭配鋼圈將乳房由下往上托起，搭配露肩服裝製作可拆肩帶或無肩帶胸罩款式。

2. 脊心：前中心連接並支撐左右罩杯的部位，脊心高度低於胸圍線為「低脊心」，脊心高度高於胸圍線為「高脊心」。低脊心可降低前中心的壓迫感，提升穿著舒適度；高脊心承托與支撐效果好。

3. 背片：支撐穩固胸罩後身的基礎部位，也是胸罩受力的方向。常使用彈性布，既可因應身體的動作，也提升穿著舒適感，依款式區分「一字形背片」、「U形背片」與「V形背片」（圖4-2）。依包覆面積區分「窄版背片」，包覆面積小，搭配鉤數少的背鉤，穿著輕鬆舒適；「寬版背片」，包覆面積大，搭配鉤數多的背鉤，胸罩的支撐性較佳。

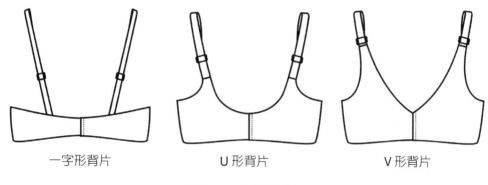

| 一字形背片 | U形背片 | V形背片 |

圖 4-2　胸罩的背片

4. 排釦：內衣開口處的釦，與背鉤為一組的配件。「釦」的橫排數可調整胸下圍鬆緊度，常用的三排釦長度5～6公分，也有活動式的延長排釦為可外加三排釦長度。

5. 背鉤：內衣開口處的鉤，與排釦為一組的配件。「鉤」的數量可增加背片的穩定度，常用的為二鉤～四鉤，背鉤寬度越寬，背片的穩定度越好。市售副料背鉤寬度尺寸多樣化，打版需搭配背片後中心寬度選擇需求的背鉤寬度（圖4-3的圖示尺寸為本書製圖參考尺寸）。

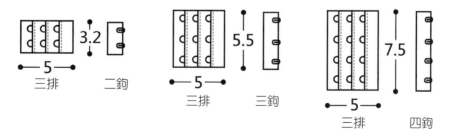

| 三排　二鉤 | 三排　三鉤 | 三排　四鉤 |

圖 4-3　背鉤與排釦

6. 土台：支撐穩固罩杯下緣的基礎部位，土台銜接罩杯與背片，打版需考量罩杯、脊心、鋼圈、背片各部位的連結與尺寸。依設計款式，土台與脊心相連為同一裁片，土台也可與背片相連為同一裁片，亦有低脊心、無土台的款式。

7. 肩帶：有支撐提托胸部的作用，常採用帶彈性緊緻的鬆緊帶或織帶，搭配調節環可調整長度。細肩帶 1~1.2 公分，穿著時肩膀舒適度較佳；寬肩帶 1.5~2 公分，提拉支撐力好，穩定效果較佳。

8. 調節環：配合肩帶寬度選擇尺寸，常用的固定式肩帶款式使用「八字環」與「O 形環」，可拆肩帶款式使用「八字環」與「九字鉤」（圖 4-4）。

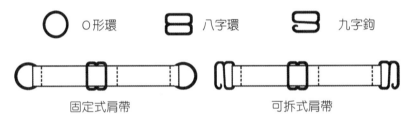

圖 4-4　肩帶調節環

9. 耳：連接罩杯與肩帶的部位，欲提升肩帶的提拉力可補強此部位。

反面構造名稱（圖 4-5）

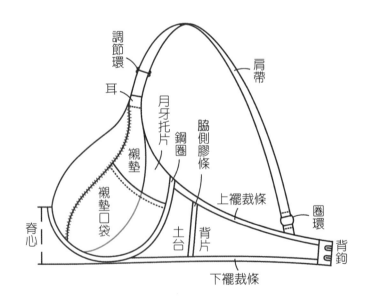

圖 4-5　胸罩反面構造名稱

10. 襯墊：罩杯襯墊有夾棉層與一體成型的模杯兩類，主要功能為補強胸型。成衣小罩杯尺寸商品會在杯罩下方加上 2～3 公分厚襯墊，以托起胸部增加立體感。「厚杯」款式為罩杯內襯較厚的夾棉層或上薄下厚的模杯，厚襯墊會排擠容納乳房的空間，也稱為「淺杯」款式。「薄杯」款式為罩杯內襯厚度 0.2～0.6 公分的夾棉層或薄度平均的模杯，薄襯墊有足夠包覆乳房的空間，也稱為「深杯」款式。

11. 活動襯墊：罩杯下方常用局部的水餃墊，可修正大小胸、改善胸型外擴的體型問題。活動襯墊讓罩杯在深杯與淺杯之間有可調整的彈性空間，根據欲呈現乳房豐滿集中的視覺需求，選擇加入襯墊的位置與厚度。

12. 襯墊口袋：又稱「假袋」，杯罩內側製作可加入活動襯墊、水餃墊的口袋。

13. 月牙托片：罩杯脇側補強向上托高乳房效果的裁片，可讓肩帶支撐提托胸部施力更均勻，亦可將腋下兩邊胸部側緣的副乳脂肪聚攏於罩杯內。罩杯外部兩側的裁片稱為「外月牙」托片設計，罩杯內裡兩側的裁片稱為「內月牙」托片設計，罩杯內外雙層皆有裁片的稱為「雙月牙」托片設計。內月牙托片設計可搭配襯墊口袋，置入活動式水餃墊，依個人穿著需求調整罩杯厚度。

14. 鋼圈：圍繞乳房下部，有支撐乳房重量和乳房形狀定位的作用，依款式需求有多種規格形狀，無肩帶款式需要搭配鋼圈加強支撐。硬鋼圈質硬不易變形，穿著易有束縛感跟緊繃感，塑型與提托效果佳，支撐力優於軟鋼圈。軟鋼圈質輕彈性大，穿著無壓迫感，舒適度優於硬鋼圈。

15. 脇側膠條：在背脇側以織帶或人字帶車縫中空的套管，穿入膠片支撐側面。馬甲類內衣在剪接線定型身體曲線時，支撐使用金屬或塑膠材質的魚骨。

16. 裁條：用於內側收邊的材料，收邊的部位不同，使用的材質也不同，以選擇緊貼身體不會摩擦、產生不適感的材質。罩杯棉墊併縫使用棉布斜條；穿入脇側膠條使用棉織帶或人字帶；包覆鋼圈使用天鵝絨條或中空套管。

17. 內衣鬆緊帶：使用彈性布製作內衣，胸罩背片的上下襬、內褲的腰圍與褲口，會以有邊飾的內衣鬆緊帶來收邊。收邊用的鬆緊帶質地細軟、彈性較大，穿在

身上沒有束縛感。肩帶用的鬆緊帶與收邊用鬆緊帶不同，肩帶彈性緊實、略有厚度，有一定的拉提力。

二、罩杯的構成

　　以罩杯的結構接縫方式分類：單一裁片罩杯結構多為全罩杯；二裁片與三裁片為使用最廣泛的罩杯結構，搭配襯墊與鋼圈設計多變；四裁片數以上的多裁片罩杯結構，其罩杯形狀渾圓度較佳，也容易做出造型。

　　一片構成罩杯（圖 4-6）

1. 三角罩杯：三角形裁片，搭配細肩帶，通常不使用鋼圈。穿著裝飾性強於功能性，常用於蕾絲襯裙與比基尼泳衣款式。

2. 平口罩杯：長方形裁片，搭配胸墊或模杯撐出乳房形態。常用於無肩帶的帶狀胸罩款式與可外穿的小可愛款式。

3. 車褶罩杯：多邊形裁片以車縫尖褶做出立體感，常用於早期訂製內衣款式或成衣罩杯表層蕾絲裁片；單褶裁片是成衣胸罩罩杯版型設計變化的原型。

4. 無縫罩杯：搭配針織、彈性布，以立體裁剪方式取得包覆的裁片，使用模具壓模一體成型的渾圓模杯。罩杯沒有結構線，搭配背片上下襬使用無縫貼合的方式，上衣不會顯現內衣線條，是無痕胸罩常用的款式。

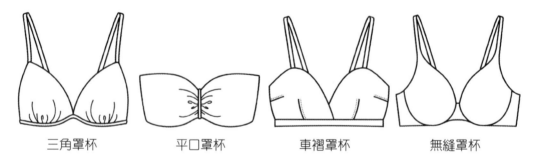

三角罩杯　　　　平口罩杯　　　　車褶罩杯　　　　無縫罩杯

圖 4-6　一片構成的胸罩

二片構成罩杯（圖 4-7）

1. 垂直剪接構成：直向縫線、前中杯與側杯左右二裁片，直向剪接提托乳房效果最佳，常用於三角罩杯剪接款式。

2. 水平剪接構成：橫向縫線、上杯與下杯二裁片，下杯可加胸墊增加乳房支撐，常用於 1/2 罩杯款式。

3. 斜向剪接構成：斜向縫線、斜上杯與斜下杯二裁片，常以蕾絲替換斜上杯裁片，變化設計。

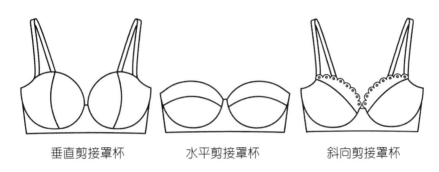

垂直剪接罩杯　　　　水平剪接罩杯　　　　斜向剪接罩杯

圖 4-7　二片構成的胸罩

多片構成罩杯（圖 4-8）

1. T 形剪接構成：T 形縫線的三裁片組合，水平剪接構成的下杯裁片，再分為左下杯與右下杯兩片，常用於 3/4 罩杯款式。

2. 月牙剪接構成：倒 T 形縫線的三裁片組合，垂直剪接構成的側杯裁片延長至耳，前中杯再分為前上杯與前下杯兩片，常用於強調機能性胸罩款式。

3. 十字剪接構成：四片十字縫線，上下左右四裁片剪接構成。多裁片剪接變化造型，常用於馬甲款式或禮服設計。

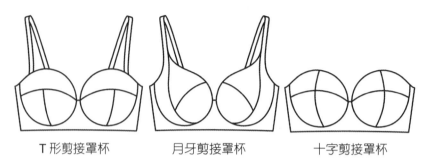

| T 形剪接罩杯 | 月牙剪接罩杯 | 十字剪接罩杯 |

圖 4-8　多片構成的胸罩

三、成衣罩杯尺寸

　　罩杯是以一個圓錐形來包裹乳房，成衣胸罩商品是以胸圍尺寸減去胸下圍尺寸的差數來計算罩杯尺寸，胸圍與胸下圍尺寸的差數代表乳房的立體高度（圖4-9）。

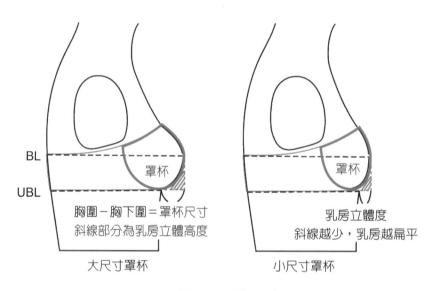

圖 4-9　罩杯尺寸

　　亞洲與歐美女性普遍有體型尺寸差異，生產的國家地區因應人種體型不同，採計的差數也有不同，而厚杯襯墊與薄杯襯墊的差異還會使罩杯尺寸差一碼。日本市場品牌內衣的小碼尺寸與有襯墊的厚杯商品較多，「A」罩杯的尺寸差數為 10 公分（表 4-1）。美國市場品牌內衣的大碼尺寸與薄杯商品較多，「A」罩杯尺寸差數為 12～13 公分。本書所列的商品尺寸表只是一般參考值，市售商品尺碼因品牌和商品會有不同，應以廠商標示的尺寸為準。

表 4-1　日本內衣商品罩杯尺寸對照表

罩杯尺寸	AA	A	B	C	D	E	F	G
胸圍－胸下圍	8	10	12.5	15	17.5	20	22.5	25

依照市場品牌內衣商品尺碼標示方法（表 1-1、表 4-1），對應量身位置並參考標準尺寸（表 1-4），繪製胸罩所需尺寸如表 4-2。

表 4-2　罩杯尺寸與量身尺寸的關係

商品標示		胸圍 B	胸下圍 UB	B－UB	罩杯	乳間寬
日本（公分） B70	美國（英寸） B32	84	72	12	B	18

以相同的胸下圍尺寸做比較（表 4-3）：胸下圍與胸圍差數大代表乳房大，罩杯的圓錐狀包覆面積大；胸下圍與胸圍差數小代表乳房小，罩杯的圓錐狀包覆面積也小。例如：胸罩商品尺寸「70A」與「70C」，胸罩的胸下圍尺寸都是 70 公分，商品「70A」的胸圍尺寸是 80 公分，商品「70C」的胸圍尺寸是 85 公分，「A」罩杯與「C」罩杯的尺寸差距為乳房大小差，即乳房的立體高度差。

表 4-3　相同體型不同罩杯商品尺寸對照表

胸罩尺寸	70A	70C	乳房大小差異
胸下圍 UB	70	70	相同胸下圍
胸圍 B	80	85	不同胸圍
胸圍－胸下圍 B－UB	10	15	不同罩杯

以不相同的胸下圍尺寸做比較（表 4-4）：罩杯尺寸相同，代表乳房的立體高度相同，胸圍與胸下圍尺寸的差數也相同。胸下圍與胸圍尺寸都大，表示身體軀幹圍度大，身體有厚度，為身形圓胖者；胸下圍與胸圍尺寸都小，表示身體軀幹圍度小，身形扁瘦。例如：胸罩商品尺寸「70C」與「80C」，罩杯的尺寸都是 C 罩杯，商品「70C」的胸下圍尺寸是 70 公分，商品「80C」的胸下圍尺寸是 80 公分，胸下圍尺寸「70 公分」與「80 公分」的胸下圍尺寸差距為身體胖瘦差，即身體軀幹圍度差。

表 4-4　相同罩杯不同體型商品尺寸對照表

胸罩尺寸	70C	80C	體型胖瘦差異
胸下圍 UB	70	80	不同胸下圍
胸圍 B	85	95	不同胸圍
胸圍－胸下圍 B－UB	15	15	相同罩杯

四、胸罩版型結構

　　成衣胸罩以胸圍與胸下圍的差數，作為罩杯型號尺寸的區別；訂製內衣以胸圍與胸下圍的差數★，作為罩杯高度褶份的計算依據。胸圍與胸下圍的差數小、褶的角度小，罩杯高度平緩；胸圍與胸下圍的差數大、褶的角度大，罩杯高度高聳。訂製內衣將量身所得數據畫成原型板，原型尺寸與量身尺寸對應，以乳間寬與乳下長尺寸，可找到版型上乳尖點 BP 的對應位置，參考穿著者體型再做試穿修改（圖 4-10）。

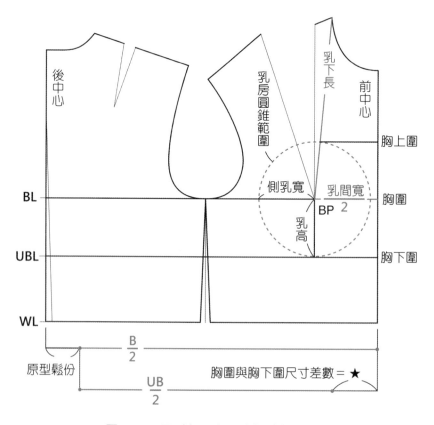

圖 4-10　原型與量身尺寸的對應位置

以衣服原型繪製胸罩版型時，要扣除衣服的基本鬆份量，還需扣除身形曲線的空隙份量使胸罩完全貼身。使用胸褶轉移為垂直肩線方向的原型（圖 2-8），原型的基本鬆份量，由脇側與後中心扣除；身形曲線的空隙份量，計算量身尺寸胸上圍、胸圍、胸下圍的差數為罩杯褶份扣除（圖 4-11）。

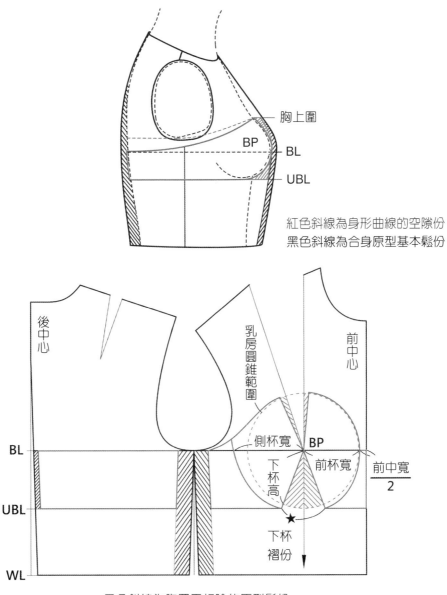

紅色斜線為身形曲線的空隙份
黑色斜線為合身原型基本鬆份

黑色斜線為胸罩需扣除的原型鬆份
紅色斜線為胸罩需扣除的身形空隙份

圖 4-11　原型與罩杯的鬆份

五、窄版背片胸罩

基礎架構（圖 4-12）

①原型胸褶轉移為垂直肩線的方向（圖 2-8），直向褶線可增強罩杯的拉提力。胸罩貼合身體不需加鬆份，打版以胸圍尺寸計算版型寬度，分為左半身與右半身而除以 2。

②胸圍尺寸是胸罩版型寬度基準，寬度尺寸確認後，沿後中心線描繪原型後片，沿前中心線描繪原型前片。版型寬度不含原型的鬆份量，因此原型前後的脇邊會重疊。

③以（乳間寬－前中寬）＝乳房圓錐底直徑，設定乳房圓錐範圍，為罩杯版型完成線繪製的參考基準。以胸上圍與胸下圍間距，設定罩杯位置。

④以量身尺寸計算胸圍與胸下圍的差數★，作為下杯褶份扣除。

⑤原型胸上圍處鬆份量約 0～1.5 公分，分為 2 等份△於胸褶兩側扣除。

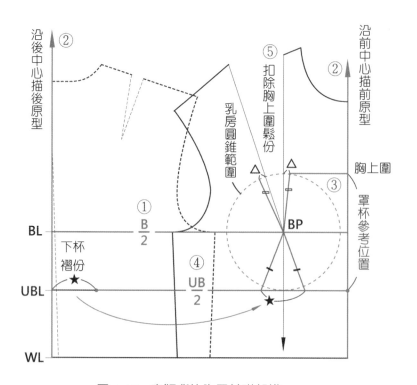

圖 4-12　窄版背片胸罩基礎架構

罩杯版型（圖 4-13）

　　乳間寬涵蓋兩乳之間的前中寬度距離，為罩杯寬度尺寸依據。罩杯以 BP 點分為前杯與側杯，側杯寬大於前杯寬可將乳房由側邊向前中心收攏，罩杯褶線或剪接線可依乳房形態取曲線，下杯曲線強於上杯，乳房越大，曲線越強。紙型上相接縫合的線必須等長，應將紙型合併核對線條等長、弧度順暢。

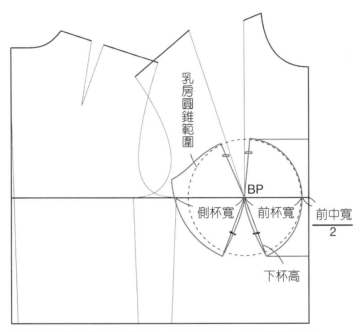

紙型上相接縫的線合併修正，縫合後的線才會順暢無角度。

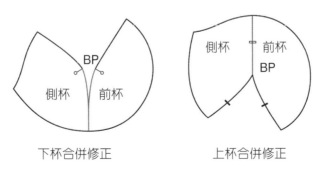

下杯合併修正　　　　　上杯合併修正

圖 4-13　罩杯位置

罩杯 BP 處製圖為鈍角，車縫後角度明顯，所以版型完成線應修成弧線。以直線對準 BP 再修成弧線，完成線分離，會使胸圍尺寸不足。BP 直線應採交叉重疊，修成弧線後使完成線落在 BP，才不影響胸圍尺寸（圖 4-14）。

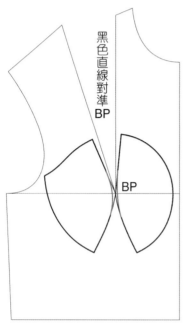

黑色直線對準 BP

BP

黑色直線 BP 交疊

BP

BP 處的直線修弧，
紅色弧線會分離，
胸圍尺寸會不足。

BP 處的直線交疊後修弧，
紅色弧線會在 BP 處，
胸圍尺寸不變。

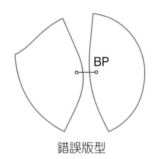

BP

錯誤版型

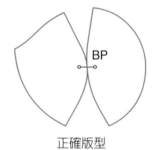

BP

正確版型

圖 4-14　罩杯版型修正

窄版背片胸罩製圖（圖 4-15）

製圖參考尺寸如表 4-2，罩杯下杯高度的褶份為 6 公分。兩乳之間的前中寬度距離為 2 公分，罩杯寬度依據乳間寬尺寸設定為 18 公分，側杯寬 ＝ 10 公分、前杯寬 ＝ 8 公分。背片後中心寬度，依市售副料背鉤三排二鉤寬度 3.2 公分設定（圖 4-3）。

胸圍與胸下圍的差數★，全集中為罩杯高度的褶份。窄版直形背片上襬與下襬尺寸相近，適用於窄版或繩狀設計，例如一片構成的三角罩杯款式。直形背片如果寬度太寬時，無法因應身軀腰身圍度漸小的變化，下襬不會服於貼身體，則需依賴材質的彈性補強，根據不同材質的彈性量計算來修正版型。

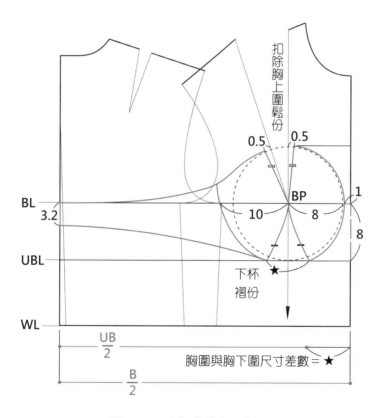

圖 4-15　窄版背片胸罩製圖

原型胸褶轉移的方向，依罩杯設計線條決定。原型胸褶若轉移為腰褶，與舊文化原型打版常用的褶位方向一致（圖 2-10）。

胸褶轉移為腰褶的胸罩（圖 4-16、圖 4-17）

①打版以胸圍尺寸計算版型寬度，胸罩貼合身體不需加鬆份，以無彈性布製作，胸圍半身寬度公式為（$\frac{B}{2}$）。在胸罩後中心製作鬆緊帶或增加排鉤數，胸下圍可以微調尺寸，胸圍半身寬度要扣除伸縮彈性量，胸圍寬度公式為（$\frac{B}{2} - 1$）。若使用彈性布製作，胸圍寬度要依布料彈性扣除伸縮彈性量，胸圍半身寬度公式為（$\frac{B}{2}$ – 布料伸縮份量）。

②胸褶轉移為腰褶的方向，原型前片 BL 不是水平線。製圖時以 BP 延伸的水平線對齊後片 BL。背片高度以 BL 為參考基準，若搭配露背服裝，背片高度要低於 BL。

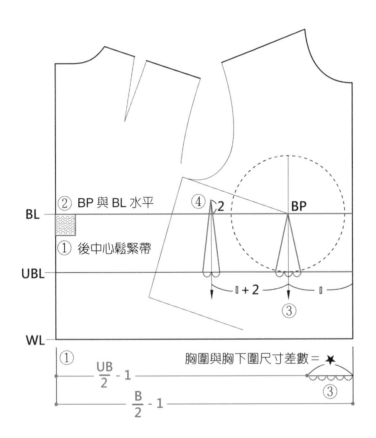

圖 4-16　胸褶轉移為腰褶的胸罩基礎架構

③胸圍與胸下圍差數★，分散於罩杯下杯褶份占比為 $\frac{3}{5}$，與脇側接縫線占比為 $\frac{2}{5}$。

④袖襱處將胸圍線高度往上提高，如同合身無袖款式服裝打版，縮小袖襱尺寸強化手臂根圍處的包覆。一般設定尺寸 2 公分，為脇側罩杯與背片接縫褶尖點的位置。

⑤背片脇邊側高與土台有前後差▲，如同舊文化原型的前垂份，要上移畫成脇褶。

⑥罩杯脇褶在紙型分版時做紙型合併處理，紙型合併處理後，將合併處的線條尺寸角度修順。

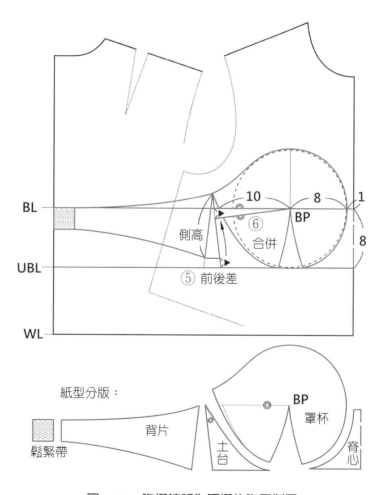

圖 4-17　胸褶轉移為腰褶的胸罩製圖

六、寬版背片胸罩

基礎架構（圖4-18）

①合腰服裝原型胸褶轉移為肩褶（圖2-12），胸罩貼合身體不需加鬆份，打版以
　胸圍尺寸計算版型寬度，分為前後、左右半身而除以4。

②以（乳間寬－前中寬）＝乳房圓錐底直徑，設定乳房圓錐範圍，為罩杯版型完成
　線繪製的參考基準。以胸上圍與胸下圍間距，設定罩杯位置。

③原型胸上圍處的鬆份量分為2等份△，於胸褶兩側扣除。原型胸下圍處的鬆份
　量，以量身尺寸胸圍與胸下圍的差數★為褶份扣除。

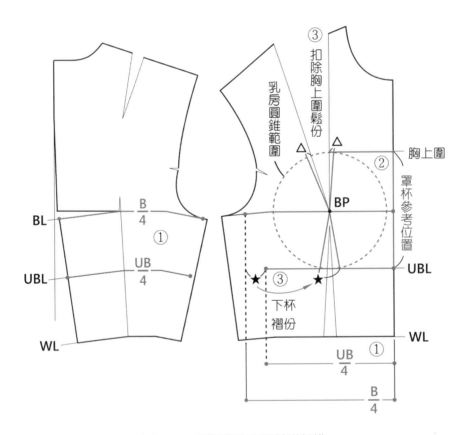

圖4-18　寬版背片胸罩基礎架構

罩杯褶份（圖 4-19）

④合腰服裝原型的腰褶轉移後，胸圍鬆份量為 8 公分。依胸圍計算寬度尺寸將原型前後片併合，原型的鬆份量直接由脅邊扣除。

⑤原型的腰褶轉移過程，已減少部分胸圍與胸下圍的差數，剩餘的差數為★。弧形寬版背片立體版型上襬長於下襬，可因應身軀腰身圍度漸小的變化，比直形窄版背片平面版型更貼合於身體。

　直形窄版背片的胸圍與胸下圍差數★全集中於罩杯，相似於成衣胸罩商品尺寸「70A」與「70C」的差異。弧形寬版背片的胸圍與胸下圍差數★依據體型分散於罩杯與背片，相似於成衣胸罩商品以「80A」、「75B」與「70C」互為替代尺寸。替代尺寸之間雖然差數★數值相近，褶份分配於罩杯或背片，仍有罩杯大小、背片長度不同情形。例如：「80A」褶份分配於背片，罩杯小、背片長；「70C」褶份分配於罩杯，罩杯大、背片短。

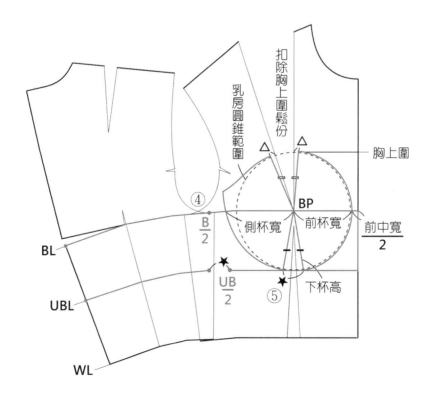

圖 4-19　罩杯褶份

寬版背片胸罩製圖

　　版型上相接縫合的線必須等長，分版時應將紙型合併核對線條是否等長、相接縫後的弧度是否順暢。

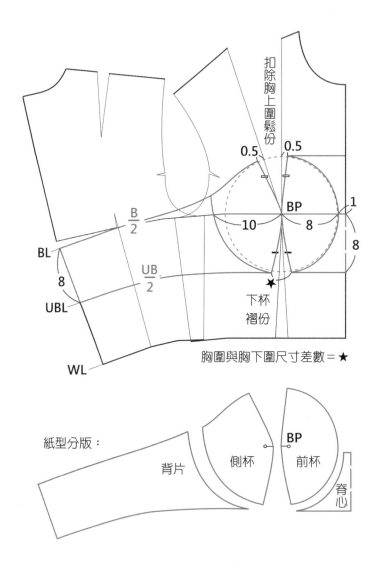

圖 4-20　胸罩製圖原型轉移法

使用胸褶轉移為垂直肩線方向的原型（圖 2-8），打版後再將褶子黏合，可以畫出弧形背片胸罩的版型。圖 4-20 是先併合腰褶再製圖，圖 4-21 是先製圖再併合腰褶，使用不同畫版的順序不會影響版型尺寸的準確性，產出的版型結果一樣。

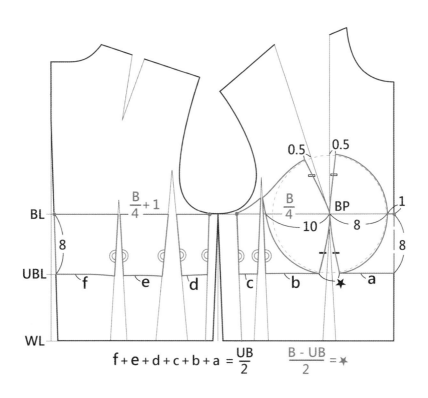

$$f + e + d + c + b + a = \frac{UB}{2} \qquad \frac{B - UB}{2} = ★$$

紙型分版：

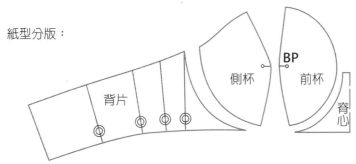

圖 4-21　胸罩製圖紙型合併法

5

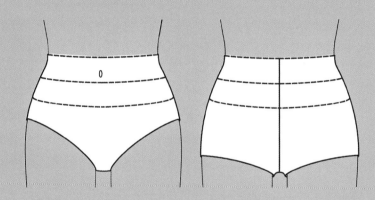

内褲的基本概念

「內褲」包覆腰臀部位，隔離私密處與外著衣物的接觸，為維護衛生與健康，選擇材質需具透氣性與吸溼性，版型要求穿著舒適。成衣內褲商品規格是以臀圍尺寸計算，結構名稱與外著褲子不同，打版前應先了解其專有的知識概念（圖5-1）。

一、內褲的結構名稱

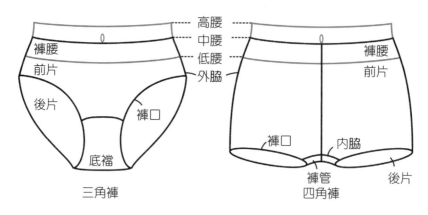

圖 5-1　內褲結構名稱

1. 褲腰：內褲的腰圍線位置依人體腰線參考肚臍高度，分為「中腰」、「低腰」、「高腰」。中腰褲腰從肚臍至髖骨之間，有良好包覆性，是內褲的基本型。低腰褲腰在髖骨上下，褲腰不會因身體動作外露。高腰褲腰在肚臍之上，保暖效果佳、能提拉臀部修飾臀型，為全包覆機能型內褲。市售成衣內褲因品牌和商品差異，褲腰高度會有不同，則參考廠商的定義。

2. 脇線：褲脇線尺寸與褲型款式相關，分為外脇線與內脇線。外脇線長度越長，褲子的包覆面積越大，款式越保守；外脇線長度越短，褲子的包覆面積越小，款式越性感。

3. 前、後片：為內褲主體裁片，前片常搭配蕾絲做拼接設計，後片包覆臀部的面積與形狀是版型設計重點。內褲後片的長度與寬度都大於前片，脇線與底襠剪接線皆偏前。

4. 底襠：最貼近私密處部位，常製作外襠與內襠兩層。外襠材質與前、後片搭配，

著重於設計美觀；內襠與身體接觸摩擦多，材質需柔軟防汙，著重於實用機能。

5. 褲口：三角褲沿胯下大腿根圍畫圓；四角褲沿大腿圍畫水平。

二、內褲版型結構

　　成衣內褲商品材質多使用彈性針織布，以包容腰線的圍度尺寸變化，版型需考量布料的拉伸度，褲子尺寸可小於量身尺寸。成衣採用簡易打版法，製作考量會依據材質彈性與適用於大眾體型，例如股上持出份量、襠圍曲線彎度都直接畫取固定尺寸。手工訂製內褲材質多使用無彈性平織布，版型需考量活動機能與鬆份，褲子尺寸應大於量身尺寸。訂製打版會依據個人體型作修正，進行細部尺寸的調整。

　　下著打版以臀圍尺寸計算版型寬度，圖版中腰線設定為量身腰圍尺寸，高腰線或低腰線版型需對應人體腰身圍度變化，再重新設定內褲腰圍尺寸。腰圍尺寸小於臀圍尺寸，腰圍處布料與身體會產生空隙，就是腰圍與臀圍的差數，「腰臀差」需以鬆緊帶處理或製作腰褶，鬆緊帶款式製圖直接用臀圍尺寸帶入腰圍公式計算，腰褶款式必須製作開口增加尺寸，穿著時褲腰的開口才能拉過身體臀部套穿。內褲打版依款式區分為三角褲、四角褲與塑身褲，三種褲型襠寬與褲口的製圖方法完全不同（圖 5-2）。

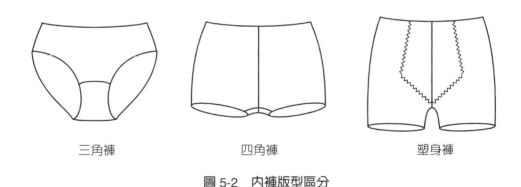

三角褲　　　　　　四角褲　　　　　　塑身褲

圖 5-2　內褲版型區分

1. 三角褲：褲型沒有內脇線，款式設計多樣化，是最常見的內褲商品。版型基本結構為前片、後片、底襠三裁片，前片與底襠可連裁（圖 5-3）。版型「底襠長」

所加出的襠底寬度為身體厚度，前片裁片中心線的「前中長」、後片裁片中心線長度的「後中長」與底襠裁片中心線長度的「底襠長」，三個尺寸的加總為襠圍尺寸。

2. 四角褲：又稱「平口褲」，內脇線長度極短，褲型完整包覆後臀，版型與外著褲子相同。基本結構為前、後、左、右四裁片，前片與後片的脇線可連裁（圖5-4）。版型的「股上持出份」所加出的襠底寬度為身體厚度，襠圍尺寸短於外著褲子，改變股上長尺寸與股上持出份量，可調整襠圍尺寸。

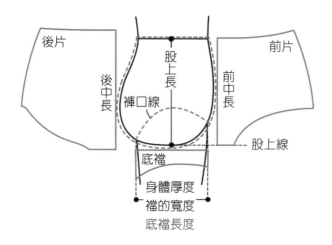

圖5-3　三角褲結構

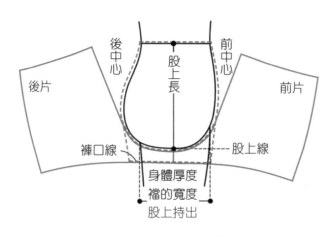

圖5-4　四角褲結構

3. 塑身褲：輪廓外觀與四角褲相同，採用彈性布製作的緊束塑身褲型。版型外脇線前片與後片連裁，內脇線以順應臀部曲線的方式裁剪成一條馬蹄形的接縫線，在胯下做出包容身體厚度的立體空間（圖 5-5）。前中長、後中長與股上持出的襠圍曲度，三個尺寸的加總為襠圍尺寸。

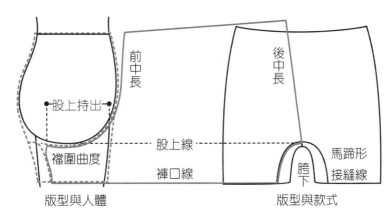

圖 5-5　塑身褲結構

三、四角內褲

基礎架構（圖 5-6）

①以腰長尺寸取腰圍線、臀圍線位置，股上長尺寸取股上線位置，參考尺寸如表 1-4。

②使用無彈性布製作，臀圍尺寸因應身體活動與布料厚度加基本鬆份 4 公分，直接分為前、後、左、右而除以 4。脇線視覺偏前，不需以前後差調整脇邊接縫線位置。

③股上持出份取臀圍比例為參考數據，後股上持出份尺寸約為前股上持出份尺寸的兩倍。參考數據僅適用於一般標準體型，製圖還是需依個人襠圍尺寸與大腿圍度調整。

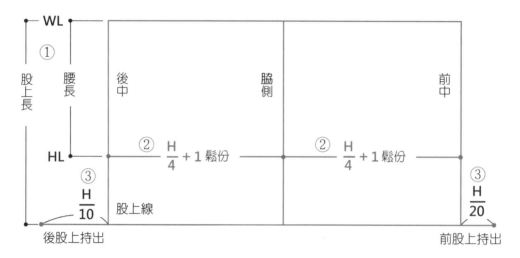

圖 5-6　四角褲基礎架構

輪廓線（圖 5-7、圖 5-8）

④腰臀差褶份分配：褲子後中心為包覆後臀曲線，後中心線需傾倒；前中心配合腹部弧度分散褶份；側身脇線配合腰身曲線取弧度。褶份分配需視體型、款式、材質與活動機能要求取決，依個人圍度尺寸比例調整。

⑤人體為立體曲面，前身有腹部凸起、後身有臀部翹度、脇側有腰身曲線，所以前中、後中與脇側量取的腰長尺寸不會等長，為使著裝時腰圍呈現水平視覺，版型的腰圍線為弧線。依體型曲線調整腰長的長度：後中心兩點連直線向上延伸將後腰提高、加長後襠尺寸；側身腰長配合腰身曲線提高。

⑥輪廓線決定後計算出腰圍尺寸、後腰褶份量☆與前腰褶份量★。

⑦褲脇線以股上線為長度參考基準，外脇線高於股上線，內脇線低於股上線。

⑧設定襠圍尺寸不變，將內脇線降低、後襠底線拉直，可調整褲口尺寸。脇線降低尺寸越大，襠線越直、褲口線越彎曲、褲口尺寸越小。

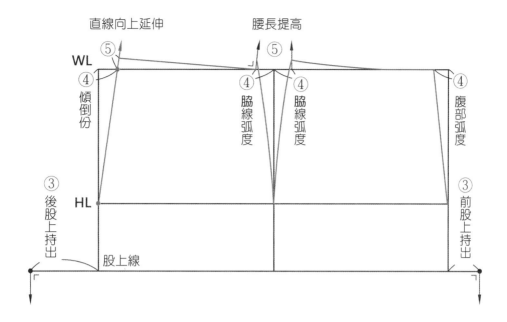

圖 5-7　四角褲腰臀輪廓線

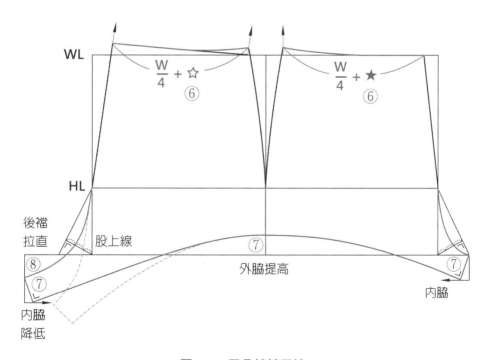

圖 5-8　四角褲褲口線

四角褲製圖（圖5-9）

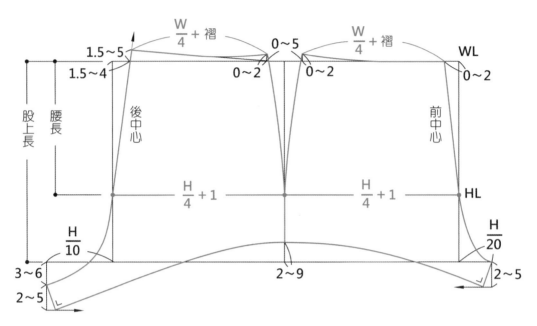

$\frac{W}{4}$ + 褶

$\frac{W}{4}$ + 褶

0～5

1.5～5
1.5～4

0～2

0～2

WL

0～2

股上長

腰長

後中心

前中心

$\frac{H}{4}$ + 1

$\frac{H}{4}$ + 1

HL

$\frac{H}{10}$

$\frac{H}{20}$

3～6

2～9

2～5

2～5

圖5-9　四角褲製圖

四、三角內褲

基礎架構（圖5-10）

①以腰長尺寸取腰圍線、臀圍線位置，股上長尺寸取股上線位置。

②使用無彈性布製作，臀圍尺寸因應身體活動與布料厚度加基本鬆份4公分，直接分為前、後、左、右而除以4。脇線視覺偏前，不需以前後差調整脇邊接縫線位置。

③股上持出份取臀圍比例為參考數據，從前後中心線垂直延伸而下，後股上持出份尺寸約為前股上持出份尺寸的兩倍。參考數據僅適用於一般標準體型，製圖還是需依個人襠圍尺寸與身體厚度調整。

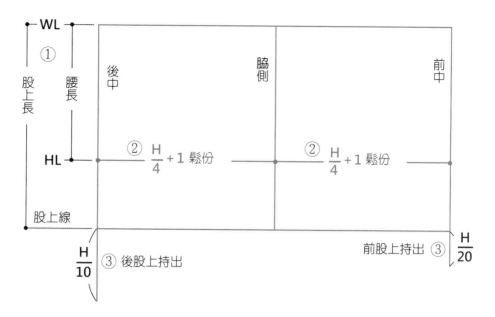

圖 5-10　三角褲基礎架構

輪廓線（圖 5-11、圖 5-12）

④側身脇線配合腰身取弧度，弧度尺寸需視體型、款式、材質與活動機能要求取決，應依個人圍度尺寸比例調整。

⑤依體型曲線調整腰長的長度：後中心向上直線延伸將後腰提高、加長後襠尺寸，側身腰長配合腰身曲線提高。

⑥輪廓線決定後計算出腰圍尺寸、後腰褶份量☆與前腰褶份量★。

⑦褲脇線以臀圍線為長度參考基準，外脇線高於股上線，沒有內脇線。

⑧襠寬位置為胯下，寬度太寬會卡住、穿著不舒適，寬度太窄則遮蔽性會不足。標準尺寸參考寬度為 7 公分，款式設計以此增減。

⑨前襠線至後襠線距離為底襠裁片長度，款式設計為兩端做剪接線的單獨裁片，或一端做剪接線、另一端與前後片連裁。

⑩將臀圍與股上連結的斜線長度尺寸劃分等份取直角高度，為褲口弧度曲線的參考連結點。一般褲口曲線為前高後包，可參考款式設計直接畫取曲線，不需等份連結點。

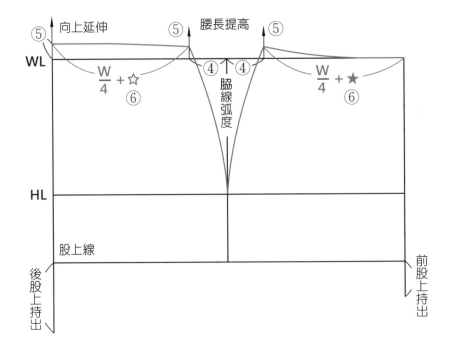

圖 5-11　三角褲腰臀輪廓線

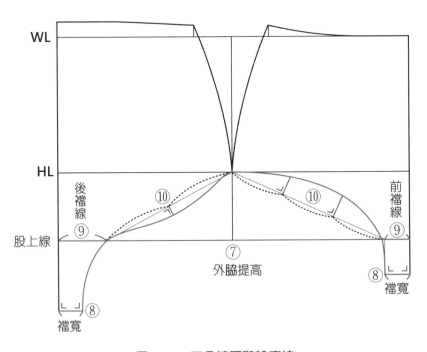

圖 5-12　三角褲腰臀輪廓線

三角褲製圖（圖 5-13）

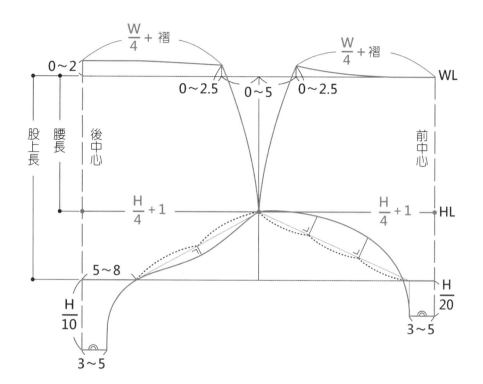

圖 5-13　三角褲製圖

五、彈性塑身內褲

基礎架構（圖 5-14）

①以腰長尺寸取腰圍線、臀圍線位置，股上長尺寸取股上線位置，參考尺寸如表 1-4。

②前後片外脇線連裁不做剪接，使用彈性布製作，打版需依布料伸縮彈性增減。設定布料彈性量 10%，計算臀圍尺寸（量身臀圍尺寸 92 × 彈性量 0.9）= 82.8 ≒ 83 公分，版型製圖半身的寬度為（$\frac{H83}{2}$）= 41.5 公分。

③後片強化臀部的托提，採用折雙一片裁剪，襠圍曲度虛線畫法參閱圖 5-8。一片構成的褲版，股上持出份全集中於前片，取臀圍比例為參考數據。

股上持出份算式＝（後股上持出份 $\dfrac{H}{10}$ ＋前股上持出份 $\dfrac{H}{20}$ ），持出份總和為 $\dfrac{3H}{20}$ 。

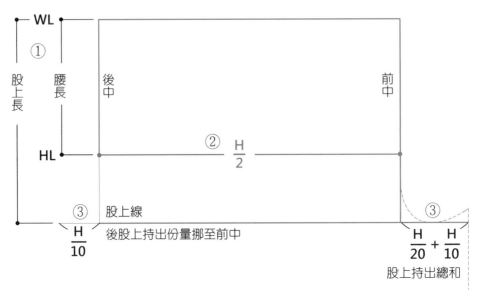

圖 5-14　塑身褲基礎架構

輪廓線（圖 5-15）

④後中心線為包覆後臀曲線，取傾倒加長後襠尺寸；前中心線配合腹部弧度畫弧線。

⑤後中心腰臀兩點連直線為後中心線，向上延伸將後腰提高；向下延伸至股上線、取後襠底剪接線位置。

⑥輪廓線決定後，計算出腰圍尺寸與腰臀差褶份量★，可製作腰褶或以鬆緊帶處理。

⑦內脇曲線後凹前凸，以曲線彎度調整尺寸，使前後脇線等長。

⑧褲口由後往前取尺寸，尺寸以內脇曲線調整，前後內脇接縫後褲口線應順暢無角度。

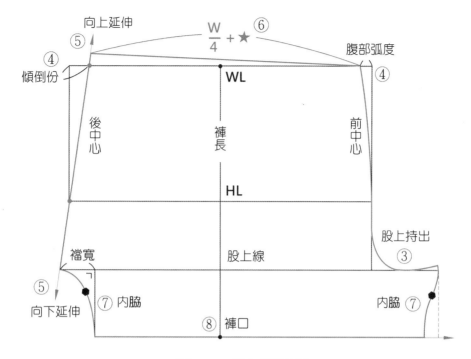

圖 5-15 塑身褲輪廓線

⑨後中長度◇以股上線為參考依據，前中長度◆以臀圍線為參考依據。股上持出的襠圍曲度▼為包覆胯下位置，與三角褲的底襠裁片的底襠長是相似的尺寸（圖5-16）。

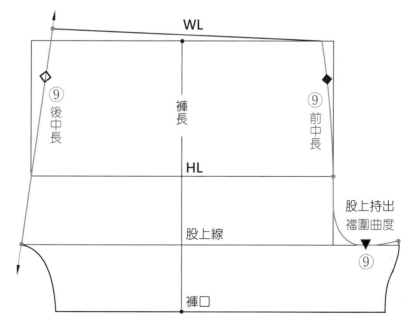

圖 5-16 塑身褲襠圍尺寸

褲版加上臀圍寬鬆份可作為內褲，後中取直線折雙成為一片構的成版型，製作工序只需車縫處理前中心與內脇線。合身褲版作為塑身褲沒有外脇接縫線、前片與後片連裁，版型內可再依機能性需求增加剪接線與裁片數（圖 5-17）。塑身褲的襠圍曲度處可做襠片剪接，避免胯下位置有剪接線的厚度差，造成穿著時的摩擦不適感（圖 5-18）。連身的塑身褲款式做襠底開襠設計，將襠片位置鏤空不接縫襠片。

塑身褲製圖

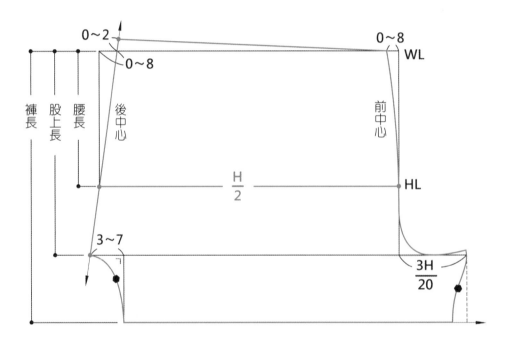

圖 5-17　塑身褲製圖

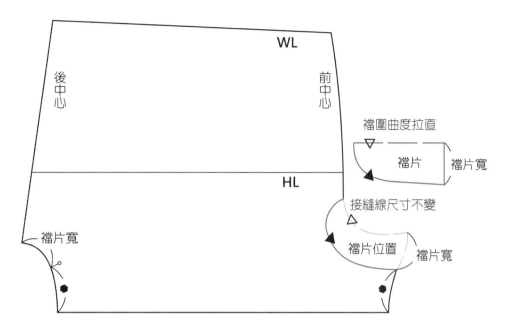

圖 5-18　塑身褲襠片設計

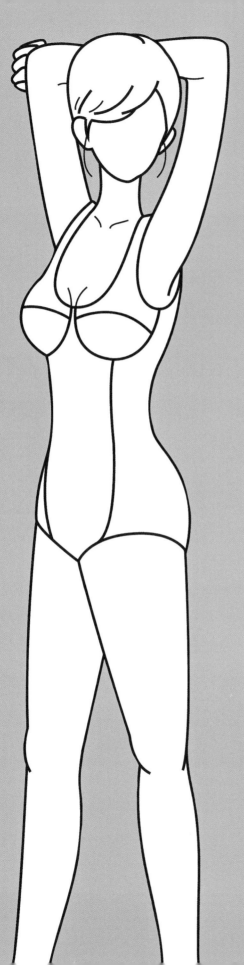

款式設計篇

6

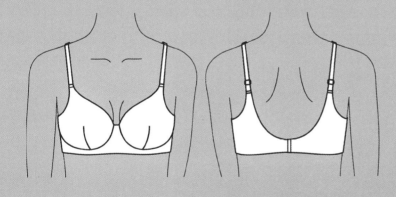

款式一　三角形罩杯胸罩

　　三角形罩杯的比基尼胸罩，以細帶於後頸與後胸下繫結綁束固定，沒有土台與背片結構，為包覆性強、功性能弱的款式（圖6-1）。製作襯墊口袋可放置活動襯墊，依需求補強乳房的修飾與支撐。

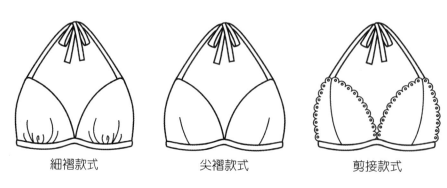

細褶款式　　　　　　尖褶款式　　　　　　剪接款式

圖 6-1　三角形全罩杯胸罩

版型說明

1. 原型胸褶轉移為腰褶（圖2-10），製圖參考尺寸如表4-2，胸圍與胸下圍尺寸差數★等於罩杯下杯高度褶份6公分，肩帶長度約45～55公分二條。

2. 版型完成線弧度對應穿著者的體態，前中完成線沿乳房邊緣取外弧線，脅側腋下完成線取內凹線。布紋方向沒有限制，依包覆性與提托性的需求考量。

3. 罩杯細褶款式（圖6-2）：下杯高度褶份以細褶抽縐方式製作，布紋採用正斜紋，有較佳的拉伸性與包覆性。細褶縮份量算式為（下杯高度褶份6＋前中增寬3）＝9公分，約$\dfrac{乳間寬}{2}$。

4. 罩杯尖褶款式（圖6-3）：下杯高度褶份以車縫尖褶方式製作，布紋採用直布紋，有較好的提托強力。

5. 罩杯剪接款式（圖6-4）：將下杯高度褶線，直向往上切分為前杯與側杯，成為二片構成的罩杯。使用蕾絲花邊布料製作，罩杯完成線取直線，將布邊放置於罩杯兩側，既可強化裝飾性，又可省略收邊處理工序。

製圖→細褶款式

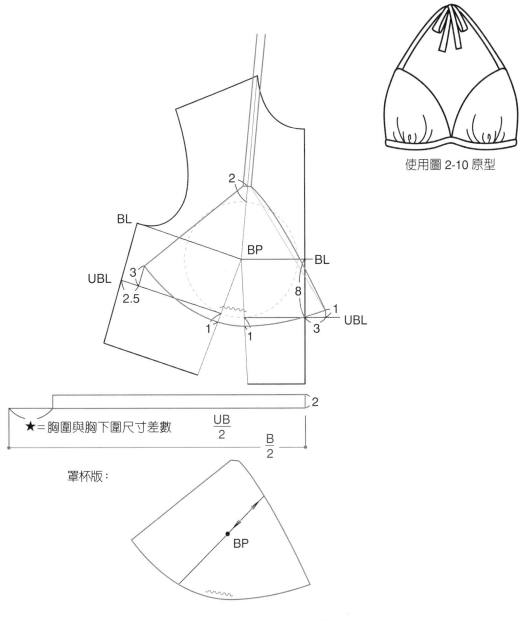

使用圖 2-10 原型

★=胸圍與胸下圍尺寸差數

罩杯版：

圖 6-2　三角形罩杯細褶款式

製圖→尖褶款式

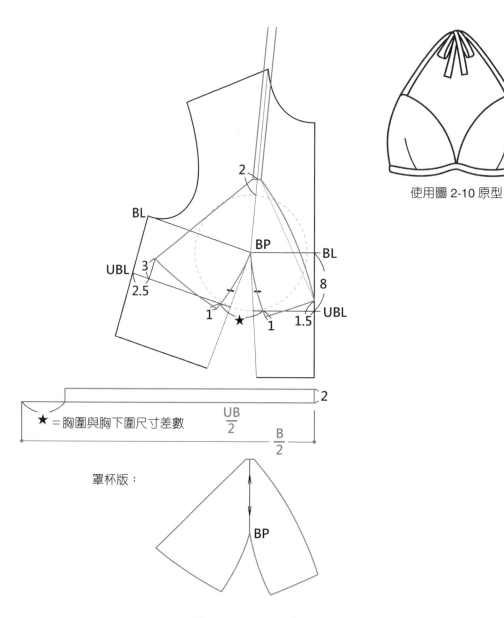

使用圖 2-10 原型

★＝胸圍與胸下圍尺寸差數

罩杯版：

圖 6-3　三角形罩杯尖褶款式

製圖→剪接款式

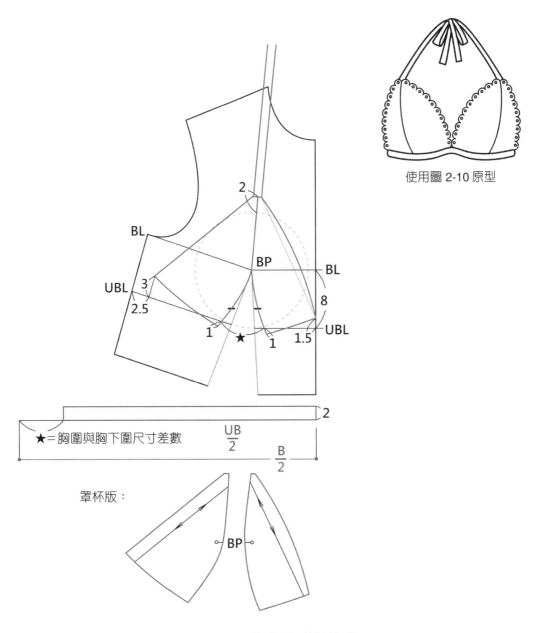

使用圖 2-10 原型

★=胸圍與胸下圍尺寸差數

罩杯版：

BP

圖 6-4 三角形罩杯剪接款式

款式二 平口胸罩直向結構

長方形罩杯的平口胸罩，沒有土台、背片與肩帶結構，外層常用紗質輕薄布料製作變化設計樣式，內層製作襯墊袋內置拆卸式胸墊，補強乳房形狀的修飾與支撐，可作為休閒外穿款式。

袖襱處將胸圍線高度往上提高 2 公分，如同打版合身無袖款式的服裝，縮小袖襱尺寸強化手臂根圍處的包覆。使用合腰服裝原型（圖 2-12）製圖寬版背片較為快速，前片依設計決定原型胸褶份呈現的方式進行胸褶轉移，結構線分為直向結構（圖 6-5）與橫向結構（圖 6-9）。

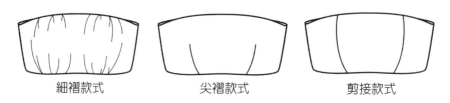

細褶款式　　　　　　尖褶款式　　　　　　剪接款式

圖 6-5　平口胸罩直向結構

版型說明

1. 直向細褶款式（圖 6-6）：原型胸褶轉移為肩褶（圖 2-12）為罩杯上杯褶份，胸圍與胸下圍尺寸差數★為罩杯下杯褶份，採用細褶抽縐製作方式。漂亮的細褶抽縐份量依布料厚薄程度決定，一般料以前裁片寬度的黃金比例 1.6 倍為參考值，薄料子取 2～2.5 倍，紗類材質取 3 倍。依乳房立體高度計算所得的細褶抽縐份量若不足以顯示縐褶設計效果，可採用紙型直向剪開、拉展左右的加寬方式增加澎度份量。

2. 直向尖褶款式（圖 6-7）：原型胸褶轉移為腰褶（圖 2-14），罩杯褶份集中於下杯，採用尖褶製作方式，褶線依乳房曲面取弧線。形態貼合於身體，胸圍線與胸下圍線平行，計算胸圍與胸下圍尺寸訂出脇邊線位置。

3. 直向剪接款式（圖 6-8）：原型胸褶轉移為肩褶（圖 2-12），直向切分為前中杯與側杯，成為二片構成的罩杯，二片構成的版型合身度優於一片構成的版型。接縫的線必須等長，分版後應合併紙型相接縫合的線，核對線條是否等長、相接後的弧度是否順暢。

製圖→細褶款式

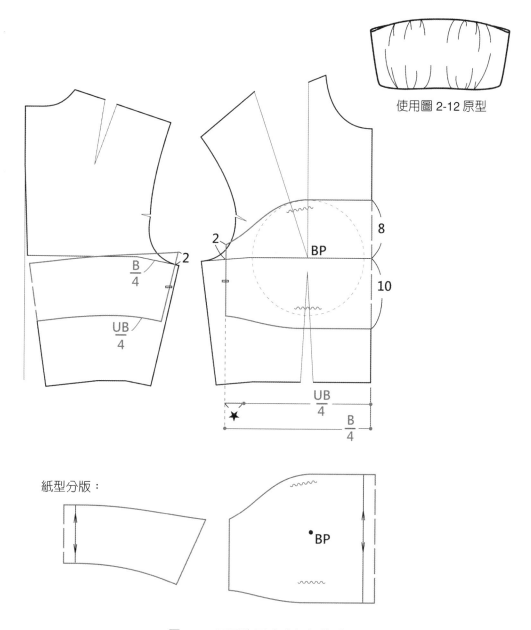

使用圖 2-12 原型

$\frac{B}{4}$

$\frac{UB}{4}$

2

2

BP

8

10

$\frac{UB}{4}$

$\frac{B}{4}$

紙型分版：

BP

圖 6-6　平口胸罩直向細褶款式

製圖→尖褶款式

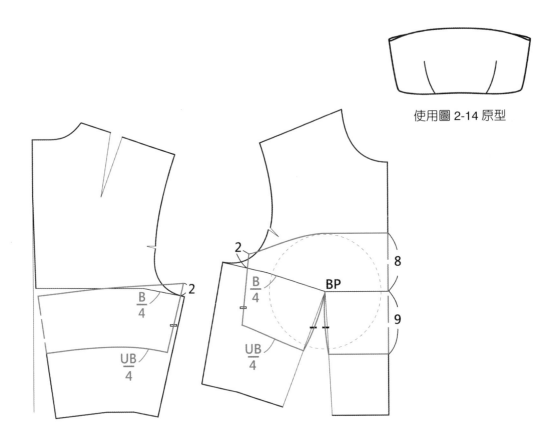

使用圖 2-14 原型

紙型分版：

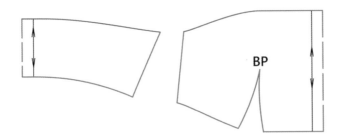

圖 6-7　平口胸罩直向尖褶款式

製圖→剪接款式

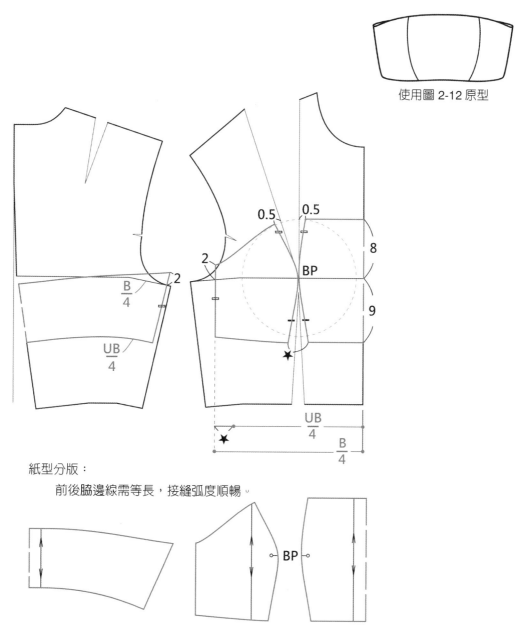

使用圖 2-12 原型

紙型分版：
　前後脇邊線需等長，接縫弧度順暢。

圖 6-8　平口胸罩直向剪接款式

款式三　平口胸罩橫向結構

　　平口胸罩使用彈性布製作，打版時需依拉伸度適度扣除圍度尺寸，布料拉伸度足以套過肩膀寬度時，不用做開口。使用無彈性或中低彈性布料而無法套穿時，需製作開口，可製作後開鈕或左側開鈕款式。

細褶款式　　　　　　尖褶款式　　　　　　剪接款式

圖 6-9　平口胸罩橫向結構

版型說明

1. 橫向細褶款式（圖 6-10）：原型胸褶轉移為脇褶（圖 2-13）採用細褶抽縐製作方式，前中心可依乳房立體度將前中寬鬆份做抽縐設計。依乳房立體高度計算所得的細褶抽縐份量若不足以顯示縐褶設計效果，可採用紙型橫向剪開、拉展上下的加高方式增加澎度份量。

2. 橫向尖褶款式（圖 6-11）：原型胸褶轉移為脇褶（圖 2-13），罩杯褶份採用尖褶製作方式，褶線依乳房曲面取弧線。形態貼合於身體，胸圍線與胸下圍線平行，計算胸圍與胸下圍尺寸訂出脇邊線位置。脇褶褶尖點與 BP 之間有差距，比較容易製作整燙出罩杯形態的渾圓度。

3. 橫向剪接款式（圖 6-12）：原型胸褶轉移為脇褶（圖 2-13），橫向切分為上杯與下杯，成為二片構成的罩杯，二片構成的版型合身度優於一片構成的版型。胸圍線與胸下圍線平行，計算胸圍與胸下圍尺寸訂出脇邊線位置。前中心剪接線可依乳房立體度將前中寬鬆份扣除，形態完全貼合於身體。分版後應合併紙型相接縫合的線，核對線條是否等長、相接後的弧度是否順暢。

製圖→細褶款式

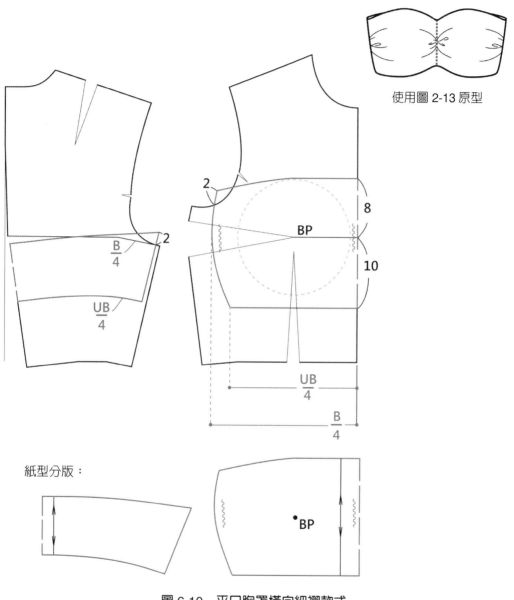

使用圖 2-13 原型

紙型分版：

圖 6-10　平口胸罩橫向細褶款式

製圖→尖褶款式

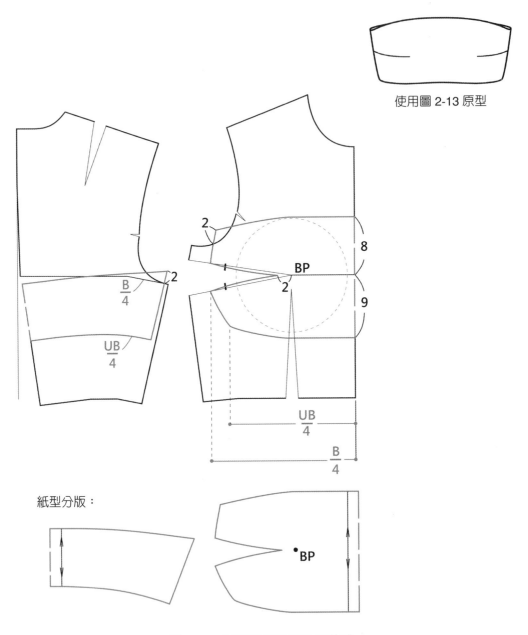

使用圖 2-13 原型

紙型分版：

圖 6-11　平口胸罩橫向尖褶款式

製圖→剪接款式

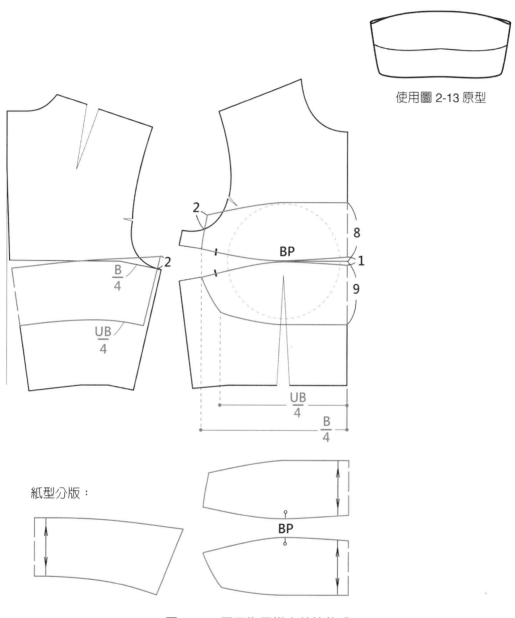

使用圖 2-13 原型

紙型分版：

圖 6-12　平口胸罩橫向剪接款式

款式四　訂製胸罩一片結構

　　不規則多邊形罩杯的手工訂製胸罩，以單層無彈性的棉布料製作，提供乳房完全的包覆與提托，穿著舒適感佳（圖6-13）。一片構成的尖褶罩杯，款式傳統、版型呈現年代感，製圖應補強版型的立體與褶線的修飾，多褶線、弧線褶的版型合身度優於單褶線、直線褶的版型。

　　原型胸褶轉移為腰褶，與舊文化原型形式一致（圖2-10），胸褶份轉移只要以 BP 為圓心，就可將褶線切轉於乳房立體圓錐狀的任何方向，做單褶線或多褶線的設計變化，不論褶份方向為何，胸部乳房高度都不會改變。後中心採用鬆緊帶製作方式，可以扣除伸縮彈性量，半身寬度公式為（$\frac{B}{2}-1$）。胸圍與胸下圍差數 ★，分散於罩杯下杯褶份占比為 $\frac{3}{5}$，脅側接縫線占比為 $\frac{2}{5}$。

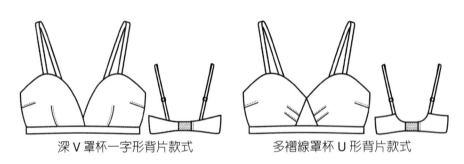

深 V 罩杯一字形背片款式　　　　　多褶線罩杯 U 形背片款式

圖 6-13　訂製全罩杯胸罩一片結構

版型說明

1. 深 V 罩杯款式（圖6-14）：採一字形背片設計，前肩帶從 BP 垂直而上於 $\frac{小肩}{2}$ 處，前中心處做低脊心交疊，罩杯下方為帶型土台。上胸圍的鬆份量以斜向 45° 容易拉伸的方向打褶，褶份在紙型分版時做合併處理。褶份以尖褶製作方式，脅褶褶尖點與 BP 之間有差距，比較容易製作整燙出罩杯形態的渾圓度。

2. 多褶線罩杯款式（圖6-15）：採 U 形背片設計，罩杯下杯褶份做紙型合併、往前中心方向展開，轉移為中心放射的褶線設計。

製圖→深 V 罩杯款式

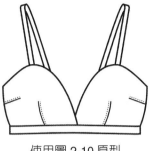

使用圖 2-10 原型

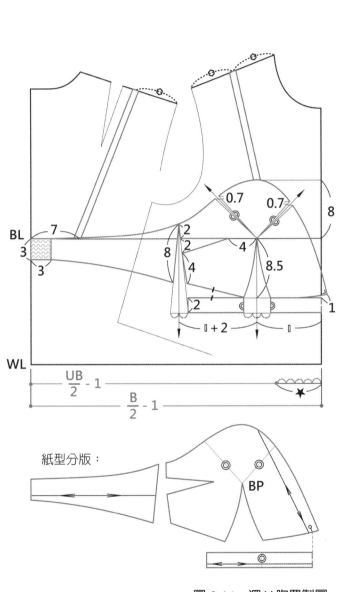

圖 6-14　深 V 胸罩製圖

製圖→多褶線罩杯款式

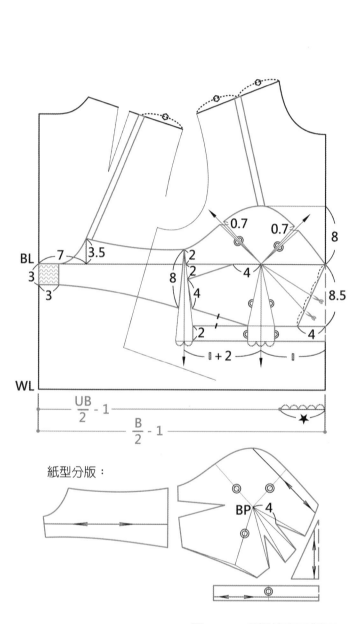

使用圖 2-10 原型

紙型分版：

圖 6-15　多褶線胸罩製圖

款式五　訂製胸罩多片結構

　　以基本款式的胸罩版型為原型，應用褶子轉移與紙型合併的方法，可快速變化剪接線與褶線成為不同細部設計的樣式，例如：將二片結構罩杯更換為四片結構罩杯（圖 6-16）。基本尺寸相同的胸罩版型，應用組合搭配的方法，亦可快速變換設計的樣式，例如：將一字形背片更換為 U 形背片。垂直剪接二片結構款式（圖 6-17）、水平剪接二片結構款式（圖 6-18）、T 形剪接三片結構款式（圖 6-19）、十字剪接四片結構款式（圖 6-20），都是相同的輪廓款式。

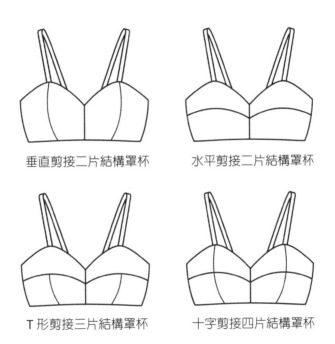

垂直剪接二片結構罩杯　　　　水平剪接二片結構罩杯

T 形剪接三片結構罩杯　　　　十字剪接四片結構罩杯

圖 6-16　訂製全罩杯胸罩多片結構

版型說明

1. 胸罩下方不做土台，罩杯剪接線在 BP 採交叉重疊，補強罩杯立體結構。胸上圍鬆份量從 BP 垂直而上的剪接線扣除，罩杯與背片接縫線尺寸差以脇褶做紙型合併處理。

2. 裁片數越多，罩杯越能貼合身形；裁片數越少，設計線條越簡潔且容易縫製。多裁片紙型分版，相接縫合的線應核對尺寸等長，並將合併處的線條弧度修順。

製圖→垂直剪接二片結構款式

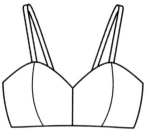

使用圖 2-10 原型

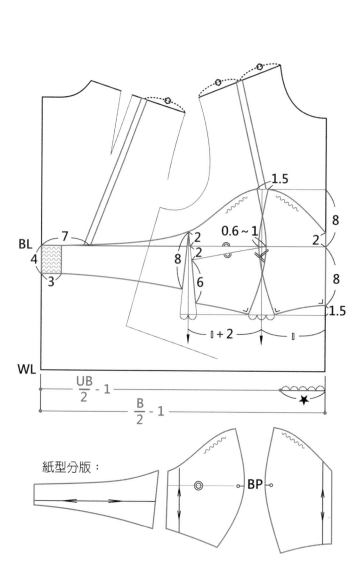

紙型分版：

圖 6-17　垂直剪接胸罩製圖

製圖→水平剪接二片結構款式

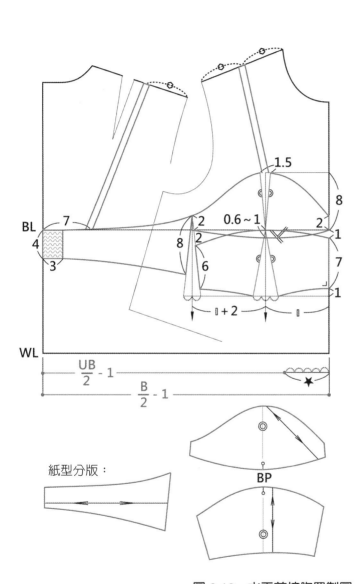

使用圖 2-10 原型

紙型分版：

圖 6-18　水平剪接胸罩製圖

製圖→Ｔ形剪接三片結構款式

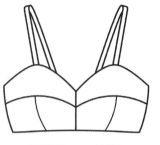

使用圖 2-10 原型

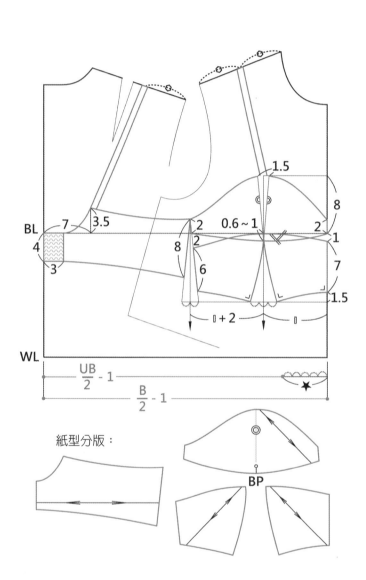

圖 6-19　Ｔ形剪接胸罩製圖

紙型分版：

製圖→十字剪接四片結構款式

使用圖 2-10 原型

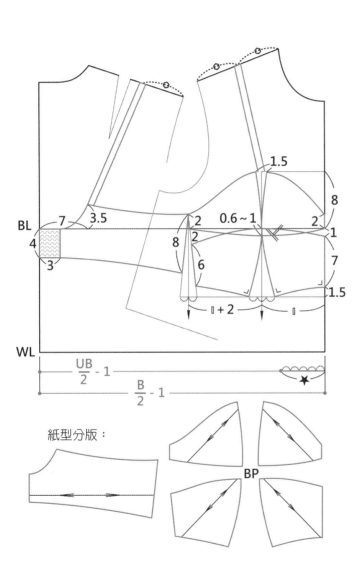

紙型分版：

圖 6-20　十字剪接胸罩製圖

款式六　成衣胸罩

　　成衣量產胸罩常用的罩杯原型，為胸褶份採用尖褶製作方式的單褶罩杯，褶線依乳房曲面取弧線貼合身體（圖 6-21）。罩杯包覆面積、脊心高低、肩帶、土台與背片樣式，為版型設計變化的要點，在不影響結構的前提下，依設計需求組合搭配變換。例如以全罩杯進行款式設計，強調包覆性，可搭配 U 形背片與寬肩帶；強調舒適性，可搭配一字形背片與細肩帶；增加支撐性，則搭配襯墊與鋼圈。

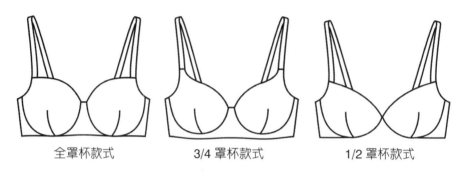

全罩杯款式　　　　　3/4 罩杯款式　　　　　1/2 罩杯款式

圖 6-21　成衣基本款胸罩

版型說明

1. 原型胸褶轉移為腰褶（圖 2-10），以（乳間寬－前中寬）為乳房圓錐錐底直徑畫圓，罩杯上杯高度的距離，即為罩杯包覆乳房的面積比例。

2. 前肩帶在 $\dfrac{小肩}{3}$ 處垂直而下，為偏向肩點、拉提側邊的位置。

3. 全罩杯款式（圖 6-22）：前中心處做高脊心，包覆與支撐功能佳，穿著的穩定性高，是最具功能性的款式。

4. 3/4 罩杯款式（圖 6-23）：前中心處脊心與土台相連，聚攏與集中效果佳，款式變化最多。

5. 1/2 罩杯款式（圖 6-24）：前中心處罩杯相連不做脊心，罩杯上緣斜度大，穿著的穩定性低。搭配大領口、露肩的服裝，常運用於馬甲版型設計。

製圖→全罩杯款式

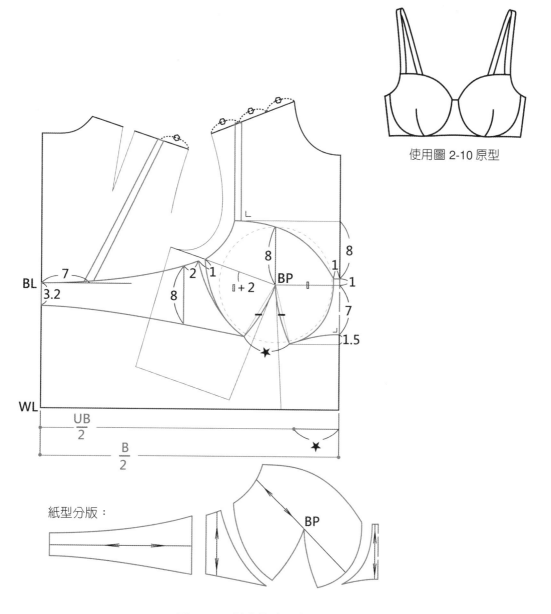

使用圖 2-10 原型

圖 6-22　基本款全罩杯胸罩製圖

紙型分版：

製圖→ 3/4 罩杯款式

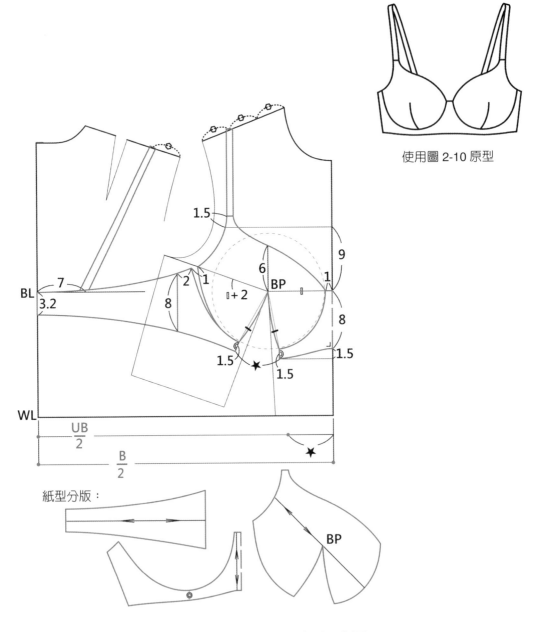

使用圖 2-10 原型

紙型分版：

圖 6-23　基本款 3/4 罩杯胸罩製圖

製圖→ 1/2 罩杯款式

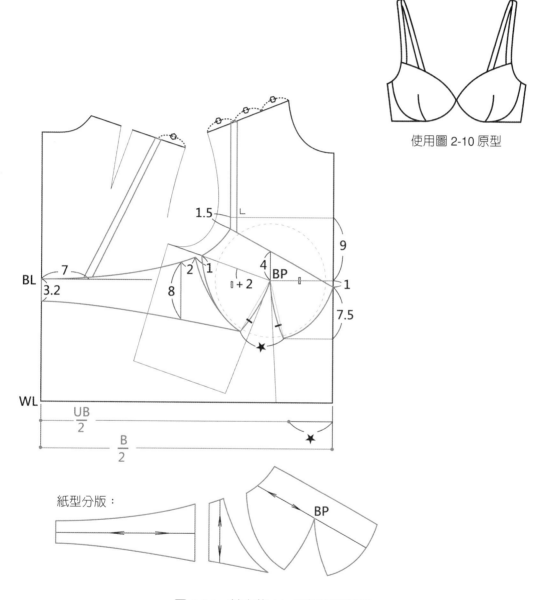

使用圖 2-10 原型

紙型分版：

圖 6-24　基本款 1/2 罩杯胸罩製圖

款式七　鋼圈胸罩簡易製圖法

　　胸罩在罩杯下緣放置半圓形的「鋼圈」支撐架，為強化乳房的塑型，也提供乳房支撐與集中。根據罩杯尺寸不同，鋼圈亦有多種規格，因應罩杯脊心款式設計不同，鋼圈兩端的高度差不同，而有多種形狀（圖 6-25）。

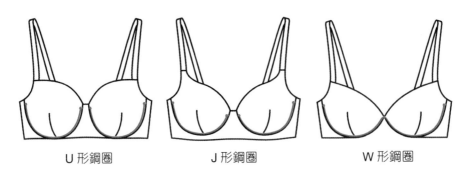

U 形鋼圈　　　　　J 形鋼圈　　　　　W 形鋼圈

圖 6-25　成衣鋼圈款胸罩

　　成衣打版多採用「簡易製圖」[1]方式，簡易製圖方式的優點是打版快速：缺點是版型的數字為依據大眾通用尺寸計算，不是依照個人的尺寸，版型的合身度如何、數值是否正確，在沒有原型的情況下，需要以經驗判斷或核對量身尺寸。初學者需理解每個數字代表的意思，方能將不同體型尺寸帶入活用。

　　使用原型製圖方式的優點是採用個人尺寸合身度高，且容易理解對應身體的形態；缺點是每個人體型有很大差異，皆需重新繪製原型，比較耗時。原型製圖所用尺寸數字，有學理依據不易出錯，較適合學習者。不論是簡易打版或原型打版，只要掌握準確的數據，產出的版型都是相同的。

版型說明

1. 成衣罩杯以 BP 點為中心，直接套入制式尺寸，即可快速畫出版型（圖 6-26）。
   背片、土台版型依據鋼圈形態為基礎繪製（圖 6-27）。

2. 基本款式版型可作為原型（圖 6-28），變化剪接線與褶線設計（圖 6-29～6-31）。

---

1 「かこみ製図」，以直線與直角為基準，簡單製圖的方法。參見「Weblio 辞書 日本ヴォーグ社」，下載日期：2020 年 9 月 17 日，網址：https://www.weblio.jp/content/ かこみ製図。

製圖→全罩杯

以標準尺寸製圖：

①畫水平線為 BL，取垂直線與水平線
取交點為 BP。

②前中取脊心高度，BL 之上 2 公分畫
平行線。

③以前杯寬 9 公分，斜線取交點於②。

④罩杯設定為 B 罩杯尺寸，下杯褶份
寬度★ 6 公分，褶份寬度兩端畫垂直
線。

⑤以下杯高 8.5 公分，斜線取交點於
④。

⑥脅側取 BL 之上 4 公分土台脅側的
AH 高度，畫平行線。

⑦以側杯寬11公分，斜線取交點於⑥。

⑧側杯寬度偏向脅側 $\frac{2}{5}$ 處，畫垂直線
取 6 公分耳的高度。

⑨將所有尺寸點以直線連結，再依等分
尺寸畫成弧線。

⑩等分畫弧尺寸為預設值，完成線曲線
弧度與乳房形態相關，乳房越豐滿，
版型曲線弧度越明顯，需經試穿修
正。

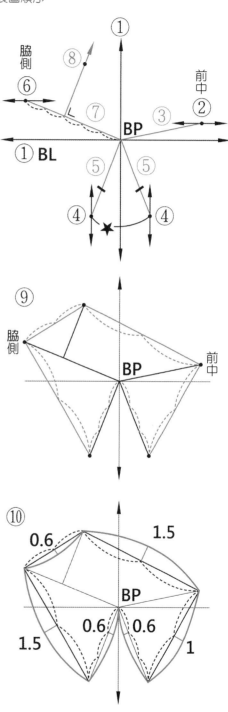

製圖順序

圖 6-26　全罩杯簡易製圖

製圖→土台與背片

①搭配圖 6-26 全罩杯，選擇 U 形鋼圈，鋼圈兩端點的直線開口距離 12.5 公分。

②鋼圈兩端與弧度最低點為製圖位置基準點，描繪鋼圈弧度為製圖依據。

③鋼圈前中端點與土台弧度起點距離 0.5 公分，鋼圈脇側端點與土台弧度終點距離 1 公分。鋼圈兩端與土台形成夾角可拉攏背片與脊心，強化鋼圈的聚攏效果。

④土台弧度端點高於鋼圈端點 0.5～0.7 公分，為車縫與穿著所需的緩衝縫隙量。

⑤前中寬取 2 公分為脊心中心寬度。

⑥鋼圈弧度最低點位置取土台寬度 1.5 公分，為縫製時罩杯下方與土台對合基準點。

⑦取背片下彎弧度 2 公分，下彎尺寸越大，背片的上下襬尺寸差數越大。

⑧參照胸下圍尺寸（表 1-1），以斜線取交點於⑦的延長線，為背片下襬線。

⑨取後中心背鉤寬度，二鉤寬度 3.2 公分（圖 4-3）與脇邊高連線，為背片上襬線。

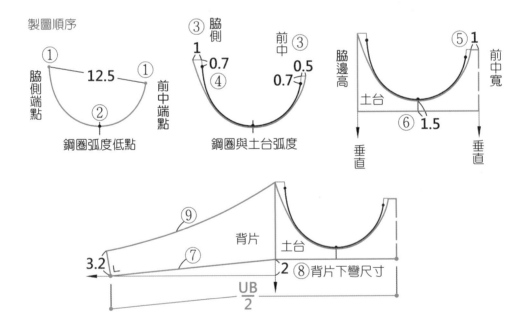

圖 6-27　土台與背片簡易製圖

製圖→簡易製圖法

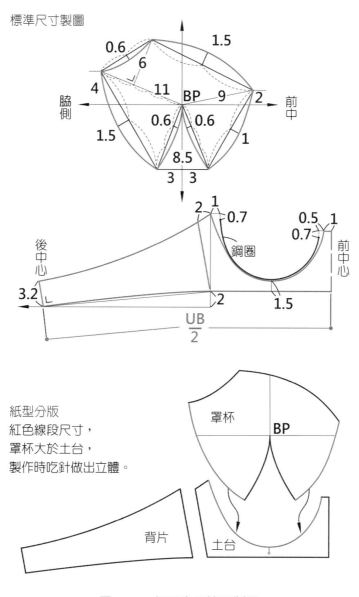

標準尺寸製圖

紙型分版
紅色線段尺寸，
罩杯大於土台，
製作時吃針做出立體。

圖 6-28　鋼圈胸罩簡易製圖

設計→罩杯版型

　　脊心高度為 BL 上至下 2 公分之間，可調整罩杯上緣斜度。罩杯包覆乳房的面積以上杯的高度計算，標準體型罩杯包覆尺寸為（乳間寬 18－前中寬 2）＝乳房圓錐底直徑 16 公分，全罩杯版型上緣完成線將乳房圓錐線完全包覆於內，因此全罩杯版型上杯高度為 8 公分；3/4 罩杯版型上杯參考高度約為 6 公分；1/2 罩杯版型上杯參考高度約為 4 公分。

灰色區塊參閱圖 6-26

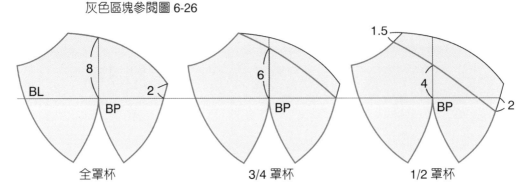

全罩杯　　　　　　　　　3/4 罩杯　　　　　　　　　1/2 罩杯

圖 6-29　罩杯包覆面積版型

　　罩杯細部設計因款式而異，例如全罩杯與 3/4 罩杯在肩帶做耳，可增加拉提力；1/2 罩杯搭配無肩帶，無法做耳。罩杯剪接線則不受款式限制，全罩杯、3/4 罩杯與1/2 罩杯皆可採剪接線製作方式，罩杯圓弧造型優於車縫尖褶製作方式：取垂直剪接線，提供直向較佳的支撐力；版型取水平剪接線，提供橫向曲度較佳的包覆力。

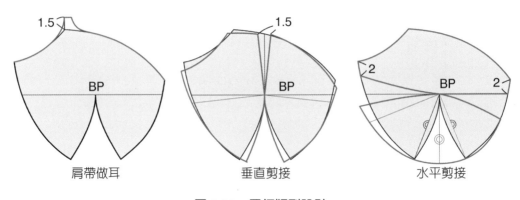

肩帶做耳　　　　　　　　垂直剪接　　　　　　　　水平剪接

圖 6-30　罩杯版型設計

設計→背片版型

　　人體背部平坦，與前胸相較，版型結構相對簡單，背片可在基本架構上直接變化設計線條。土台從側邊連向前中脊心一片裁片，也可與脊心分裁為兩片，罩杯、脊心、土台可組合搭配變換設計。

灰色區塊參閱圖 6-27

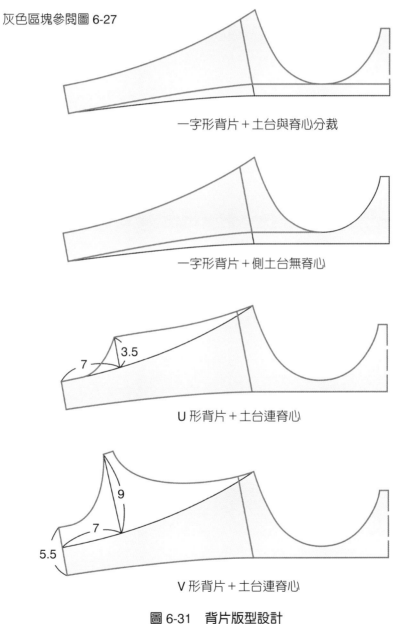

一字形背片＋土台與脊心分裁

一字形背片＋側土台無脊心

U 形背片＋土台連脊心

V 形背片＋土台連脊心

圖 6-31　背片版型設計

款式八　鋼圈胸罩原型製圖法

　　成衣胸罩簡易打版法依據現有的鋼圈規格，描繪出鋼圈形態後再製圖土台弧度與背片（圖 6-27）。訂製內衣胸罩原型打版法則依據完成的製圖版型，再選擇搭配合適的鋼圈（圖 6-32）。為提升穿著舒適感、降低束縛，訂製內衣若不使用鋼圈，可藉由無彈性布料的挺度與全罩杯包覆或背片脇側加高，來替代鋼圈的支撐作用。

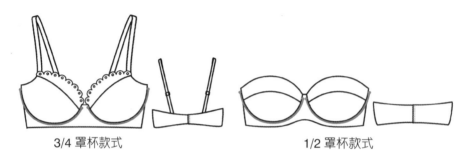

3/4 罩杯款式　　　　　　　1/2 罩杯款式

圖 6-32　鋼圈胸罩

版型說明

1. 原型胸褶轉移為腰褶（圖 2-10），製圖參考尺寸如表 4-2。罩杯下杯高度褶份 6 公分，肩帶長度約 35～45 公分二條（圖 6-33）。

2. 依據製圖的土台弧度選擇鋼圈，鋼圈兩側端點窄於土台弧度寬度，形成夾角強化鋼圈的聚攏效果。鋼圈兩側端點低於土台弧度高度，為製作車縫與穿著動作所需的緩衝縫隙量（圖 6-34）。鋼圈兩側端點要有足夠的支撐，若鋼圈弧度長不足或車縫時端點包縫打結不牢固，會造成穿著時壓迫疼痛。

3. 3/4 罩杯為斜向剪接的二片式結構，可加襯墊修飾乳房的形態，為使用最普遍的罩杯款式。搭配前領口開深的衣服，上片使用蕾絲片可外露，強調裝飾性（圖 6-35）。

4. 1/2 罩杯無肩帶胸罩款式：水平剪接的二片式結構，背片脇側取高可加膠條，增強胸罩的支撐性與穿著時的穩定性（圖 6-36）。

製圖→基礎架構

以標準尺寸製圖（參考表 4-2）：

①胸圍與胸下圍的差數★ 6 公分，分散於脊心 1 公分、罩杯下杯褶份占比 $\frac{3}{5}$ 為 3

公分、脅側接縫線占比 $\frac{2}{5}$ 為 2 公分。

②側杯寬大於前杯寬 2 公分，脅邊高從 BL 往上提高 2 公分，背片側寬 10 公分與
罩杯接縫線前後差製作脅褶▲。

③款式為 3/4 罩杯，下杯高 8 公分、上杯高 6 公分。

④背片後中心背鉤二鉤寬度 3.2 公分。

⑤前肩帶在 $\frac{小肩}{3}$ 處垂直而下，後肩帶依前肩等份尺寸定位。

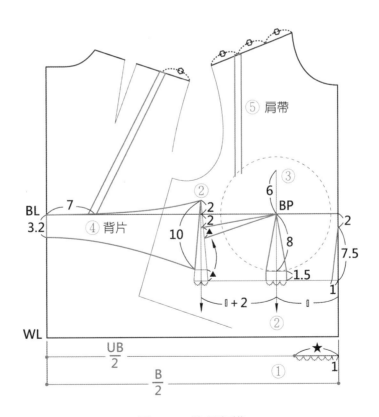

圖 6-33　胸罩架構

製圖→土台與罩杯製圖

⑥脊心寬度 1.5 公分,前中心線折雙處需取直角。土台褶份空隙以紙型合併處理,
　紙型合併後須修順版型弧度。

⑦依據製圖完成的土台版型選擇鋼圈規格。

⑧罩杯上胸圍鬆份以斜向 45° 做紙型合併處理。

⑨罩杯剪接線在 BP 採交叉重疊,補強立體結構。

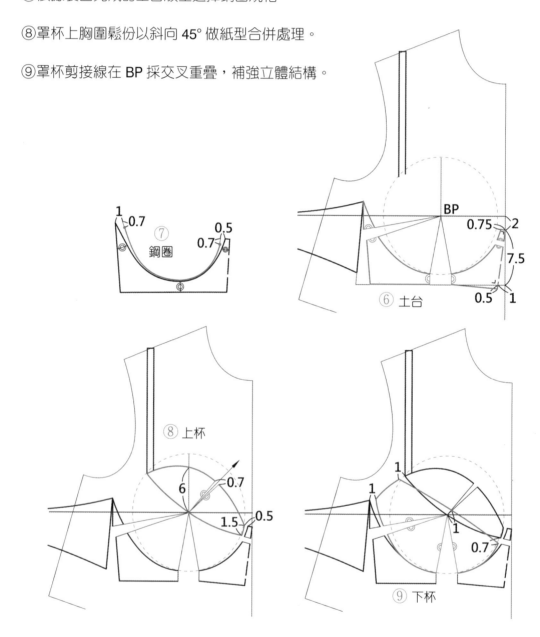

圖 6-34　胸罩分版製圖

製圖→3/4 罩杯鋼圈款式

使用圖 2-10 原型

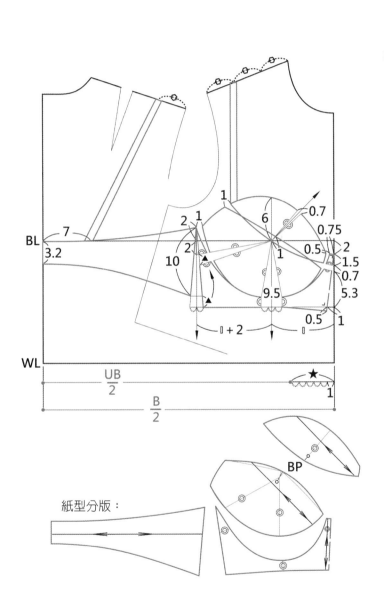

紙型分版：

圖 6-35　3/4 罩杯鋼圈胸罩製圖

製圖 → 1/2 罩杯鋼圈款式

使用圖 2-10 原型

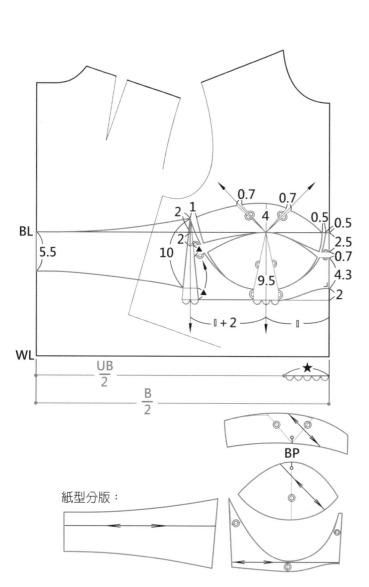

紙型分版：

圖 6-36　1/2 罩杯鋼圈胸罩製圖

款式九　斜向剪接胸罩

罩杯以斜向接縫線分為前中與脇側二裁片，前中裁片上緣延伸為肩帶的一部分，可強化胸罩前中的包覆面積與拉提力（圖 6-37）。

無土台款式　　　　帶型土台　　　　脊心型土台

圖 6-37　斜向剪接胸罩

版型說明

1. 原型胸褶份不需轉移，AH 褶份以 BP 為圓心向上移位，調整罩杯裁片比例。胸圍與胸下圍差數★，分散於罩杯下杯褶份占比 $\dfrac{3}{5}$、脇側接縫線占比 $\dfrac{2}{5}$。背片後中心依背鉤選擇寬度製圖，二鉤寬度 3.2 公分、三鉤寬度 5.5 公分（圖 4-3）。

2. 有襯墊的罩杯製作表裡層版型分版，需根據棉墊的厚度調整內外差數（圖 6-38）。剪接線在 BP 採交叉重疊，補強罩杯立體結構。上胸圍的鬆份量以斜向 45° 容易拉伸的方向打褶，褶份在紙型分版時做紙型合併處理。

3. 相同罩杯結構可變換土台設計：無土台款式為基本款（圖 6-39）；帶型土台款式前中片使用蕾絲片，脇邊高取寬（圖 6-40）；脊心型土台款式脇剪接線前後差▲，利用紙型合併處理，紙型合併後要修順弧度（圖 6-41）。

4. 相同罩杯結構可變換背片設計：U 形背片的支撐性與提托力，優於一字形背片，可減輕背部負擔。

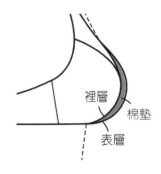

裡層
棉墊
表層

圖 6-38　襯墊胸罩表裡差

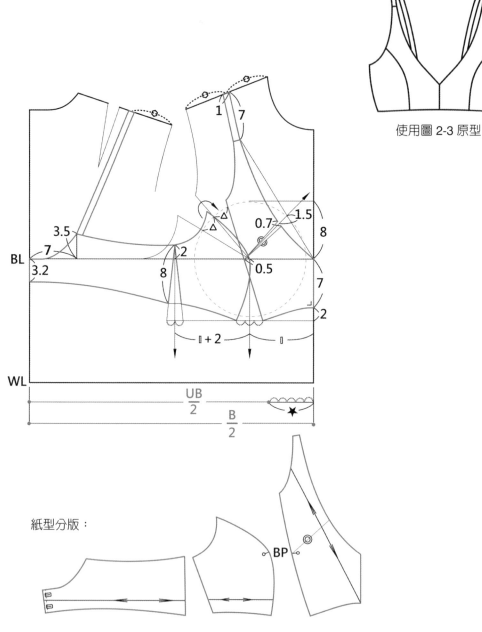

使用圖 2-3 原型

紙型分版：

圖 6-39　斜向剪接無土台胸罩製圖

製圖→帶型土台款式

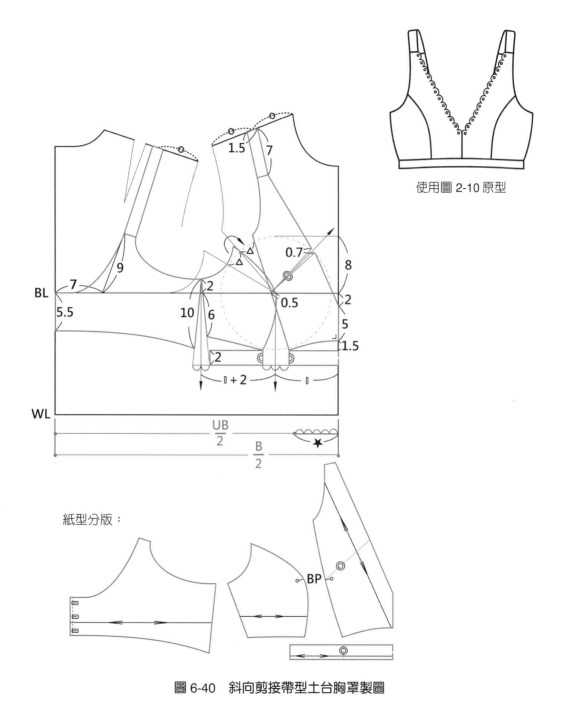

使用圖 2-10 原型

紙型分版：

圖 6-40　斜向剪接帶型土台胸罩製圖

製圖→脊心型土台款式

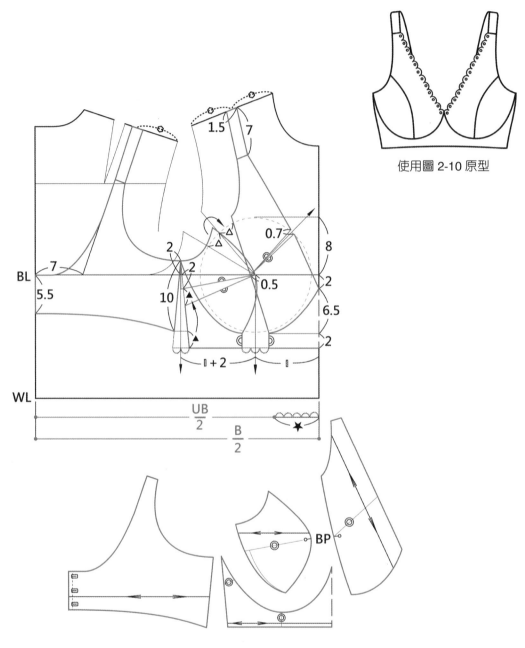

使用圖 2-10 原型

圖 6-41　斜向剪接脊心型土台胸罩製圖

款式十　月牙剪接胸罩

　　「機能型內衣」為提供胸部基本的支撐與保護之外，還強調胸型調整、胸部穩固的實用性功能。月牙胸罩在罩杯脅側或下緣設計月牙形的提托片，「月牙托片」可將乳房向上推高，同時聚攏胸部側緣的腋下脂肪、修正副乳，加強胸罩側邊的提托與包覆，改善胸型外擴、胸部下垂的體型問題，塑造出完美的胸型（圖 6-42）。

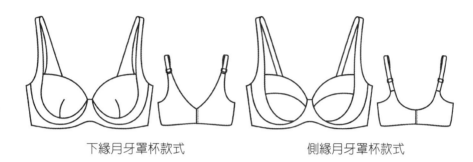

下緣月牙罩杯款式　　　　　　側緣月牙罩杯款式

圖 6-42　月牙剪接胸罩

版型說明

1. 機能型內衣的版型設計重點：月牙罩杯、寬肩帶、高脅側與 U 形或 V 形背片。

2. 罩杯兩側設計外月牙托片，月牙托片的大小與彎度，視胸罩的機能性需求決定。例如：下緣月牙托片設計著重於乳房向上拉提推高（圖 6-43）；側緣月牙托片設計著重於修正副乳（圖 6-44）；罩杯表裡都有月牙托片的雙月牙設計，則增強雙倍的提托效果。

3. 加寬肩帶寬度為 1.5 公分以上，可減輕肩膀因內衣支撐胸部的壓力，適用於大胸體型。

4. 脅側取高加側膠條，強化側邊對罩杯的支撐力與穿著時的穩定性，活動伸展時胸罩不容易跑位。

5. 背片加高與加寬，包覆背肉面積大，能完整撫平固定背肉，有修調整飾背部線條的作用。常搭配或替換為蕾絲片變化設計，增加穿著透氣性與舒適度。

6. 寬高的背片搭配三鉤以上的背鉤，背鉤的鉤數量越多，胸罩穿著穩定度越高。排釦的排數多，可依穿著者需求調整胸下圍度尺寸。

製圖→下緣月牙款式

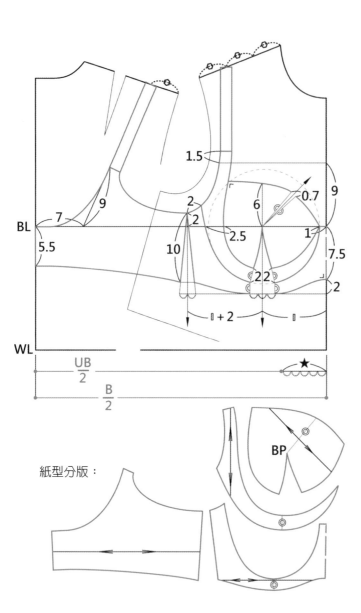

使用圖 2-10 原型

紙型分版：

圖 6-43　下緣月牙胸罩製圖

製圖→側緣月牙款式

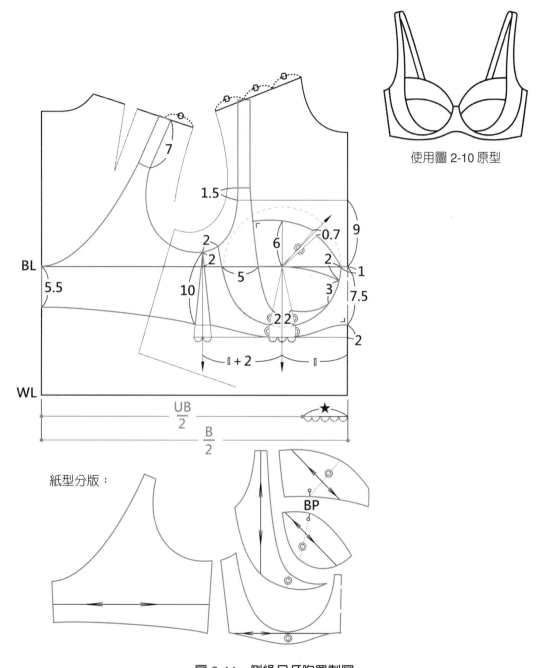

使用圖 2-10 原型

紙型分版：

圖 6-44　側緣月牙胸罩製圖

款式十一　哺乳胸罩

　　從懷孕到產後，乳房大小會隨著孕期不同而有所改變，哺乳胸罩設計以適應胸部的變化、舒適為主，哺乳過程不用脫掉胸罩。帶有彈性材質的罩杯能因應乳房變化的需求，搭配延長排釦可調整孕期胸下圍尺寸的變化，製作襯墊口袋可加入溢乳墊（圖 6-45）。

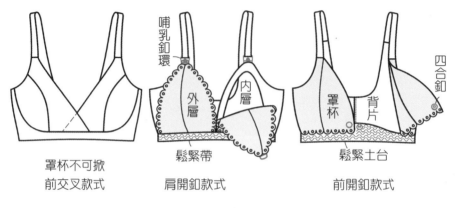

圖 6-45　哺乳胸罩

版型說明

1. 加寬肩帶寬度為 1.5 公分以上，可減輕肩膀因內衣支撐胸部的壓力。

2. 取高脇側完整包覆副乳、背片加大包覆背肉面積、搭配三鉤以上的背鉤，強化胸罩的支撐力與穿著時的穩定性。

3. 前交叉哺乳胸罩：脊心處做雙層相互交疊，哺乳時將罩杯直接拉開。雖然哺乳方便，但經常拉扯內衣容易使胸罩變形、支撐力較弱，可以材質韌性補強（圖6-46）。

4. 肩開釦哺乳胸罩：採雙層設計，內層帶型土台與外層罩杯下緣相接車縫。內層以圈形托片或月牙托片支撐胸罩、托住胸部（圖 6-47）；外層在肩帶耳處開口做卡釦式的「哺乳釦環」，可單手操作將罩杯向下掀開以方便哺乳（圖 6-48）。

5. 前開釦哺乳胸罩：採雙層設計，內層背片脇側與外層罩杯側緣相接車縫。內層以帶型土台支撐胸罩（圖 6-49）；外層在前中心處開口做按壓式的「四合釦」，可單手操作將罩杯向側邊掀開以方便哺乳（圖 6-50）。

製圖→前交叉款式

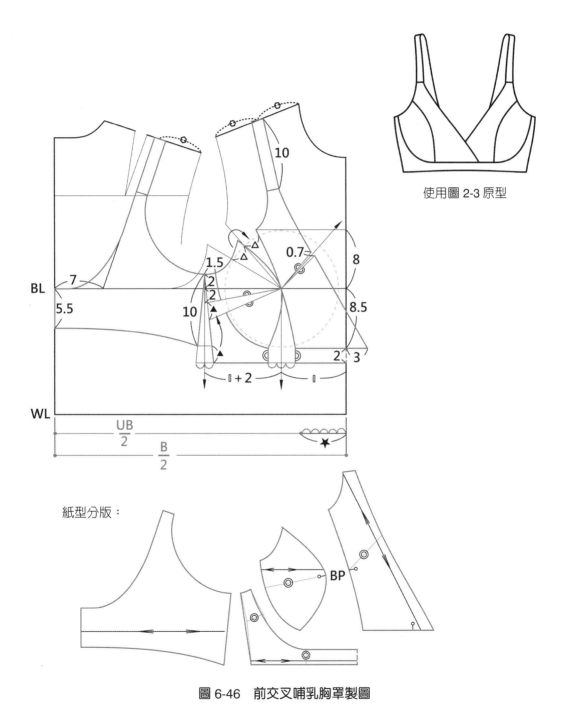

使用圖 2-3 原型

紙型分版：

圖 6-46　前交叉哺乳胸罩製圖

製圖→肩開鈕款式內層托片

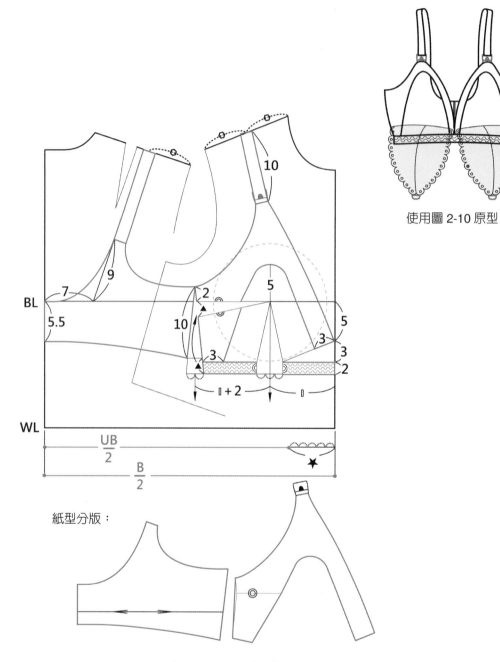

使用圖 2-10 原型

紙型分版：

圖 6-47　肩開鈕哺乳胸罩托片製圖

製圖→肩開鈕款式外層罩杯

以圖 6-47 為基礎

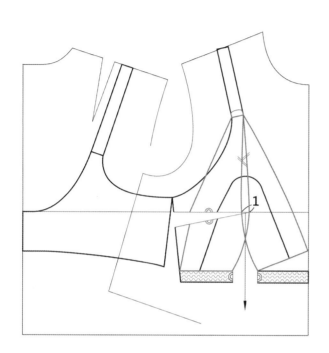

紙型分版：

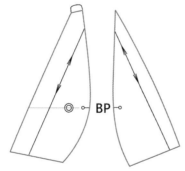

圖 6-48　肩開鈕哺乳胸罩罩杯製圖

製圖→前開鈕款式內層土台

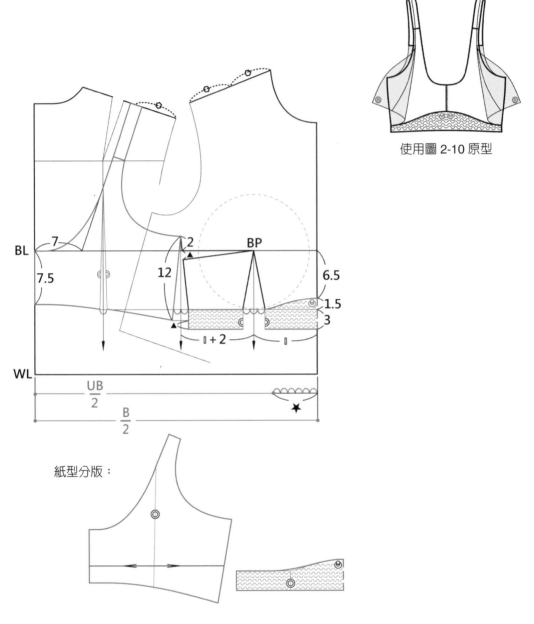

使用圖 2-10 原型

紙型分版:

圖 6-49　前開鈕哺乳胸罩土台製圖

製圖→前開釦款式外層罩杯

以圖 6-49 為基礎

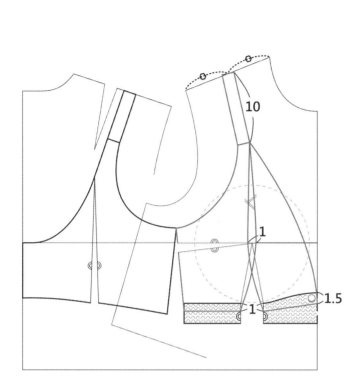

紙型分版：

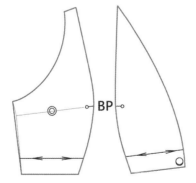

圖 6-50　前開釦哺乳胸罩罩杯製圖

7

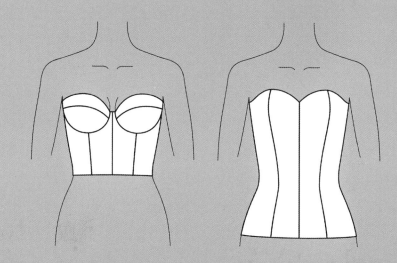

「馬甲」衣長從胸至臀之間，緊收身體鬆軟的贅肉，調整修飾身形線條，凸顯胸到臀的視覺比例，以符合時尚豐胸、收腰、提臀的輪廓，常作為穿著禮服時的襯衣。馬甲類內衣合身帶鬆份，穿著時不緊束，保有舒適感。材質使用吸溼、親膚、稍有挺度的布料，使用橫布以布邊為衣襬製作，可避免柔軟材質的禮服表面出現馬甲內衣衣襬的厚度痕跡。結構裁片數依設計與功能需求考量，裁片使用雙層無彈性布可強化包覆面，剪接線使用魚骨或膠骨支撐體型，定型身體曲線。

款式十二　及腰胸罩馬甲

　　胸罩款式馬甲圍度尺寸不加鬆份，可作為調整型馬甲，補正上身身形，修飾胸到腰的線條，適合上腹部胃部凸出的體型穿著。

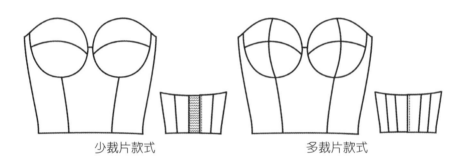

少裁片款式　　　　　　　　多裁片款式

圖 7-1　及腰胸罩馬甲

版型說明

1. 用原型胸褶轉移為肩褶（圖 2-8），腰圍扣除後中褶 1 公分與前中褶 0.7 公分，再計算胸圍與腰圍差數★，胸下褶斜向前中心可做出 V 形顯瘦視覺效果。虛線段尺寸加總為胸下圍尺寸，核對量身尺寸多餘份量▋併入胸下褶。

2. 少裁片款式（圖 7-2）：後中心採用鬆緊帶製作方式，胸圍與腰圍尺寸可以扣除伸縮彈性量，胸腰差★依腰線比例等份分配。寬版背片採用二裁片，也可以只做一裁片，但是扇形裁片衣襬無法使用布邊製作方式（圖 4-20）。

3. 多裁片款式（圖 7-3）：後中心製作開口，胸圍與腰圍尺寸貼合身體不加鬆份，胸腰差★參考原型腰褶位置分配。寬版背片採用三裁片，增加剪接線可增加使用魚骨支撐的數量。

製圖→少裁片款式

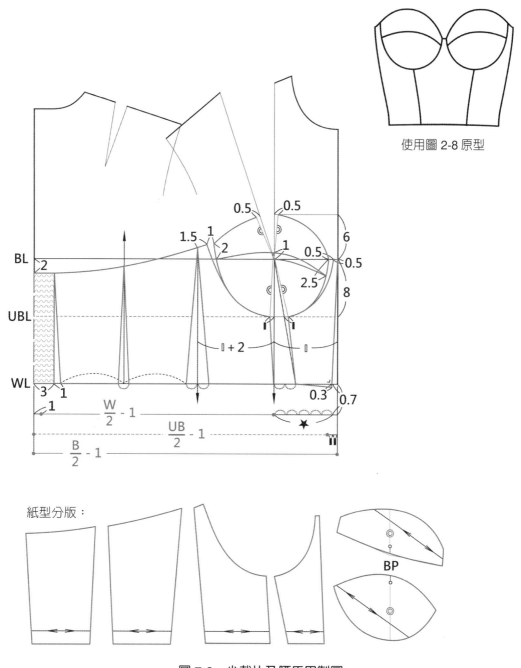

使用圖 2-8 原型

圖 7-2　少裁片及腰馬甲製圖

紙型分版：

製圖→多裁片款式

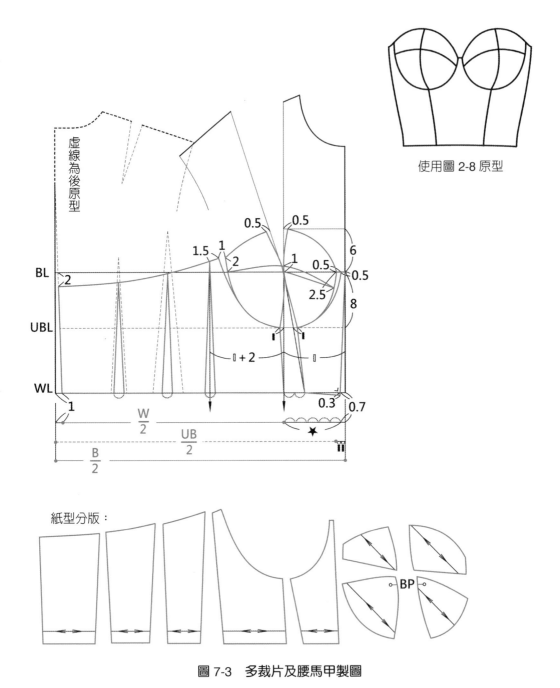

使用圖 2-8 原型

紙型分版：

圖 7-3　多裁片及腰馬甲製圖

款式十三　訂製馬甲原型製圖法

　　公主剪接線、平口或桃心領口是馬甲最常見的結構款式。「平口領口」為胸上圍直接取水平的領口線，前中心領口線較高，只能搭配領口採保守設計的禮服款式。「桃心領口」為胸上圍順著乳房畫出弧形的領口線，前中心領口線取深 V 線條，可搭配集中視覺焦點設計的禮服款式（圖 7-4）。

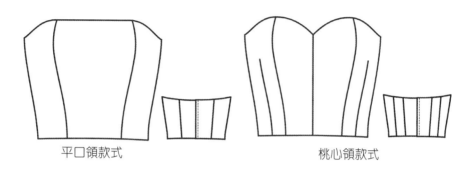

平口領款式　　　　　　　桃心領款式

圖 7-4　公主剪接線及腰馬甲

版型說明

1. 平口領與桃心領兩款式採用相同尺寸與鬆份，只是標示方式不同，可進行比對理解其算式的差異。及腰衣長取腰下 2 公分，穿著時腰線穩定性較佳，內部製作細版腰帶固定腰部。

2. 胸圍尺寸貼合身體不加鬆份，腰圍尺寸因應活動需求加 1 公分鬆份，以 ±1 公分前後差調整脇邊接縫線在側身的視覺置中位置。腰圍扣除後中褶與前中褶份，脇邊取 1.5 公分調整輪廓線，再計算腰褶份量。

3. 平口領款式（圖 7-5）：前中心取直線折雙，採少裁片設計，單一剪接線曲度強，版型立體集中於胸下褶線。後腰褶份量☆置於後腰圍寬度的垂直中線，前腰褶份量★置於 BP 的垂直線，胸下褶線可依身體曲面畫成弧線。

4. 桃心領款式（圖 7-6）：前中心裁開，採多裁片設計，褶與剪接線曲度弱、版型立體分散於軀幹腰身圍度。後腰褶份量☆分置於後肩下與後脇側，前腰褶份量★分置於胸下與前脇側。

製圖→平口領款式

以標準尺寸為計算範例,說明算式中數字所代表的意思。

1. 後片胸圍算式:$(\dfrac{B84}{4}+後中開口\ 0.5+腰褶開口\ 0.5-前後差\ 1)=21$ 公分;

   腰圍算式:$(\dfrac{W64+1}{4}+腰褶☆-前後差\ 1)=18.5$ 公分,

   腰圍 18.5 公分 =(胸圍 21 - 後中 1 - 腰脇 1.5)。

2. 前片胸圍算式:$(\dfrac{B84}{4}+前後差\ 1)=22$ 公分;

   腰圍算式:$(\dfrac{W64+1}{4}+腰褶★+前後差\ 1)=20.5$ 公分,

   腰圍 20.5 公分 =(胸圍 22 - 腰脇 1.5)。

3. 胸下圍尺寸多餘份量 1 公分,併入胸下褶。

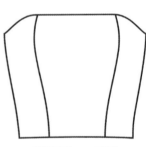

使用圖 2-8 原型

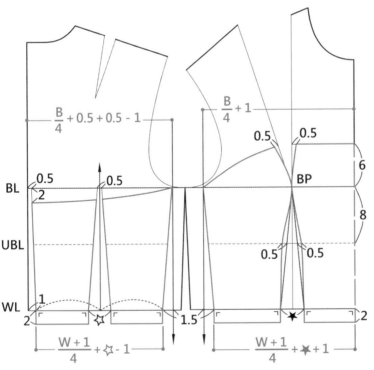

圖 7-5　平口領及腰馬甲製圖

製圖→桃心領款式

　　理解每個數字代表的意思後，將算式簡化標示也是成衣打版常用的方法。圖 7-5 與圖 7-6 的尺寸相同，只是標示方式不同，以後片為範例說明。

1. 後片胸圍完整算式：$\left(\dfrac{B84}{4} + 後中開口\ 0.5 + 腰褶開口\ 1 - 前後差\ 1\right) = 21.5$ 公分；

　　將相等的數值（＋腰褶開口 1）與（－前後差 1）相互抵銷：

　　簡化後標示計算式為 $\left(\dfrac{B84}{4} + 0.5\right) = 21.5$ 公分。

2. 後片腰圍算式：$\left(\dfrac{W64+1}{4}\right)$ 標示為整圈圍度鬆份量；

使用圖 2-8 原型

　　$\left(\dfrac{W64}{4} + 0.25\right)$ 標示為計算之後的裁片鬆份量。

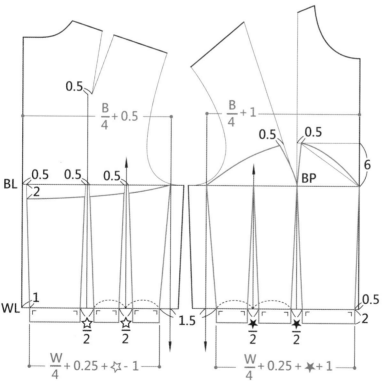

圖 7-6　桃心領及腰馬甲製圖

款式十四　成衣馬甲簡易製圖法

　　公主剪接馬甲版型結構線條單純，容易試穿補正，使用簡易製圖法打版比原型製圖法快速（圖 7-7）。簡易製圖所給予的尺寸為適用於大部分人的平均值，應對照個人量身尺寸修正。

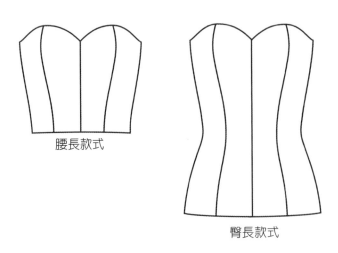

腰長款式

臀長款式

圖 7-7　桃心領馬甲

版型說明

1. 胸圍尺寸貼合身體不加鬆份，因應活動需求，腰圍尺寸加 1 公分鬆份、臀圍尺寸加 2 公分鬆份，以 ±1 公分前後差調整脇邊接縫線在側身的視覺置中位置。

2. 計算胸圍尺寸為版型寬度基準，製圖垂直往下延伸，畫至腰圍線為短版款式及腰長馬甲（圖 7-8），延伸至臀圍線為長版款式及臀長馬甲（圖 7-9）。

3. 後片脇邊高與前脇邊高的前後差褶份量▲依胸部立體度決定，▲取 3～4 公分為參考值，分版做紙型合併處理，並將合併處的線條弧度修順。

4. 腰線後中心扣除 1 公分、前中心扣除 0.5 公分的胸腰差數。脇邊以 1～1.5 公分調整輪廓線，粗腰體型取 1 公分、細腰體型取 1.5 公分。

5. 計算出腰圍尺寸後，多餘的份量需製作腰褶。後腰褶份量☆置於後腰圍寬度的垂直中線；前腰褶份量★置於 BP 的垂直線，胸下褶線可依身體曲面畫成弧線。

製圖→及腰款式簡易製圖法

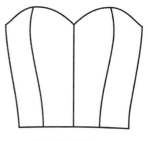

尺寸參考表 1-4

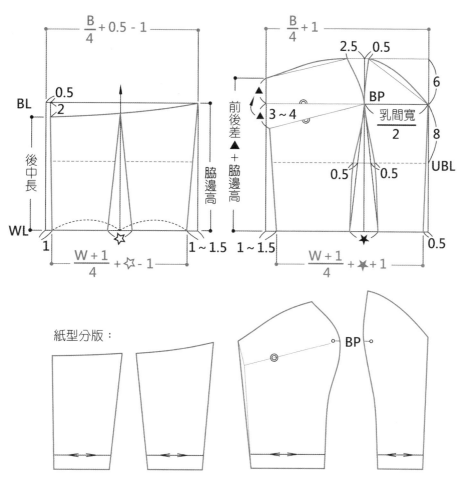

圖 7-8　成衣及腰馬甲製圖

製圖→及臀款式簡易製圖法

尺寸參考表 1-4

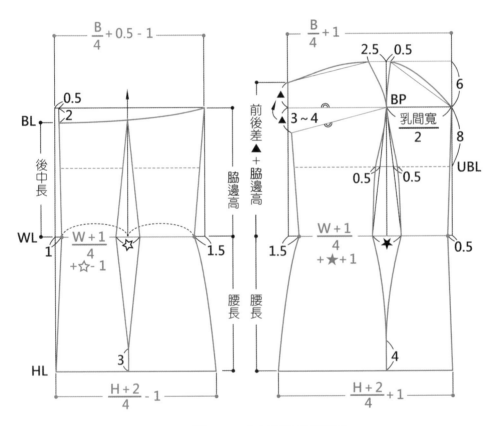

圖 7-9　成衣及臀馬甲製圖

款式十五　馬甲的三圍尺寸調整

馬甲版型涉及三圍比例，以標準尺寸畫出來的版型，都會是漂亮版型（圖 7-10）。但是每個人的體型曲線都不相同，套用標準製圖產出的版型可能不理想。底下以平口馬甲版型繪製大胸、粗腰腹大、小胸臀大、大胸臀小之特殊體型圖版為範例。

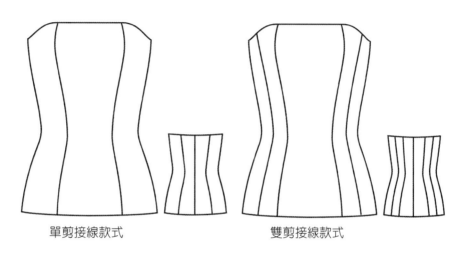

單剪接線款式　　　　　　　雙剪接線款式

圖 7-10　平口領馬甲

版型說明

1. 結構中的剪接線與裁片數，依款式設計與功能需求考量。剪接線與裁片數越多，設計線條越繁複、越能貼合身形；剪接線與裁片數越少，設計線條越簡潔且容易縫製。

2. 原型胸褶轉移為肩褶（圖 2-8），胸圍尺寸貼合身體不加鬆份，因應活動需求，腰圍尺寸加 1 公分鬆份、臀圍尺寸加 2 公分鬆份，以前後差調整脇邊接縫線在側身的位置。

3. 脇邊線有剪接的衣版，以胸圍尺寸為版型寬度基準。後中心線、前中心線都是由胸圍垂直往下延伸畫取腰圍線與臀圍線，直向剪接線經過胸、腰、臀，可依機能需求分別調整三圍尺寸鬆份量。

4. 臀圍尺寸與腰圍尺寸的調整，都可在版型設計中同時進行。剪接線尺寸微調，

整件衣服的尺寸就以剪接線條數的倍數改變，例如每條剪接線兩邊各移動 0.25
公分，整件衣服四條剪接線就可移動 2 公分。

製圖→單剪接線款式

版型設計除了考量款式，還需考慮穿著者體型比例。漂亮的脅邊輪廓線從胸圍
垂直往下延伸，腰圍內縮 1.5 公分，臀圍外凸份量◆約 1～1.5 公分。標準體型的
版型，胸圍尺寸與臀圍尺寸相當，版型的剪接線直接往下延伸即可（圖 7-11）。

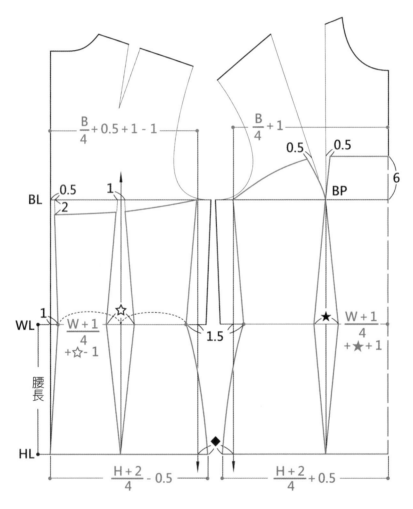

圖 7-11　平口領單剪接線馬甲製圖

製圖→雙剪接線款式

若要保持漂亮的脇邊輪廓線不變，圍度尺寸則從剪接線調整，剪接線越多，圍度尺寸越容易調整（圖7-12）。粗腰體型適合單剪接線款式，大臀體型適合雙剪接線款式。

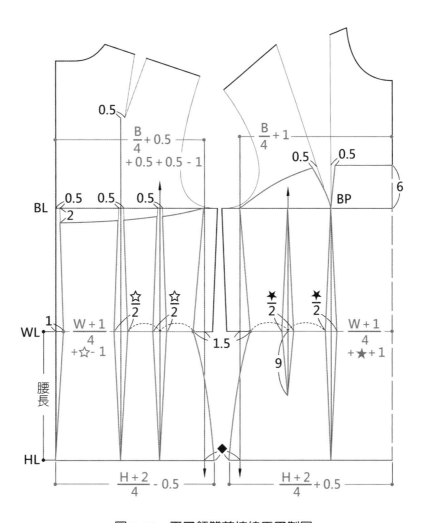

圖 7-12　平口領雙剪接線馬甲製圖

製圖→胸大體型

相同的胸圍尺寸、不相同的胸下圍尺寸，會有罩杯尺寸的差別。以紙型切展的方式或直接加出胸圍與胸下圍尺寸差數，可增加一個罩杯型號（圖 7-13）。

製圖尺寸：B84、UB70、W64、H92。

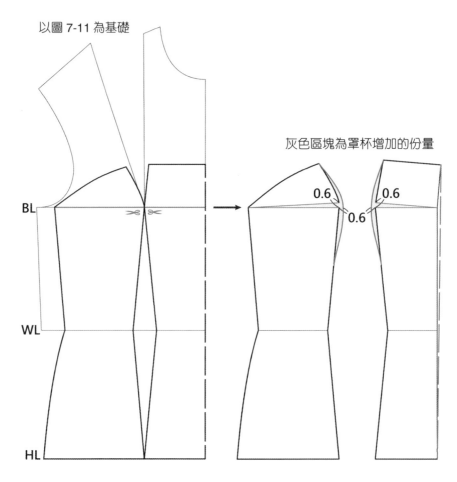

以圖 7-11 為基礎

灰色區塊為罩杯增加的份量

0.6　0.6

0.6

BL

WL

HL

圖 7-13　胸大體型馬甲修圖

製圖→粗腰腹大體型

　　粗腰體型腰褶份少，腰褶長度可縮短，前腰褶線在腹圍位置畫成弧線做出身體曲面。腰圍扣除後中褶 0～1 公分，粗腰體型取 0 公分、細腰體型取 1 公分。脇邊輪廓線以胸圍尺寸為版型寬度基準，製圖從胸圍垂直往下延伸，臀圍外凸份量 ◆ 1～1.5 公分，腰圍內縮 1 公分（圖 7-14）。

　　製圖尺寸：B84、W70、H92。

以圖 7-11 為基礎

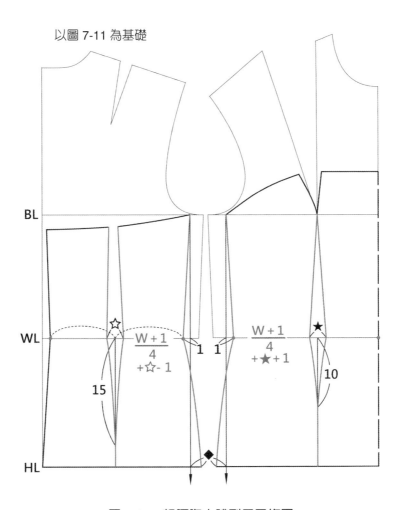

圖 7-14　粗腰腹大體型馬甲修圖

製圖→胸大臀小體型

　　衣服的胸圍尺寸大於臀圍尺寸時，版型剪接線直下延伸，會使襬圍呈現寬鬆的狀態。依體型尺寸畫出的輪廓完成線①偏直，若取圖 7-12 漂亮的脇邊輪廓線②，需扣除臀圍多餘的份量，剪接切線應分離（圖 7-15）。

　　製圖尺寸：B84、W64、H86。

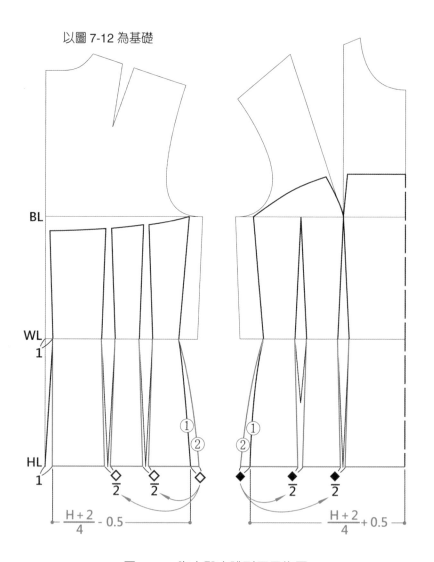

圖 7-15　胸大臀小體型馬甲修圖

製圖→胸小臀大體型

衣服的胸圍尺寸小於臀圍尺寸時，版型剪接線直下延伸，會使襬圍呈現緊繃的狀態。依體型尺寸畫出的輪廓完成線①偏斜，若取圖 7-12 漂亮的脇邊輪廓線②，需加出臀圍不足的份量，剪接切線應交疊。前脇尖褶無法展開衣襬調整臀圍尺寸，需向上下延伸成為剪接線（圖 7-16）。

製圖尺寸：B84、W70、H98。

以圖 7-12 為基礎

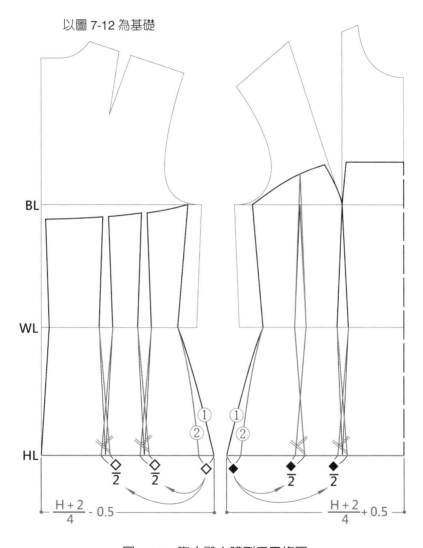

圖 7-16　胸小臀大體型馬甲修圖

款式十六　及臀胸罩馬甲

　　罩杯馬甲強調胸部輪廓線條，版型須配合罩杯尺寸繪製，罩杯的前杯寬與側杯寬尺寸相當，搭配鋼圈將乳房收緊強化立體感（圖 7-17）。剪接線使用魚骨或膠骨支撐體型，定型身體曲線，前脇剪接線的魚骨有收攏副乳、撐起乳房的作用。

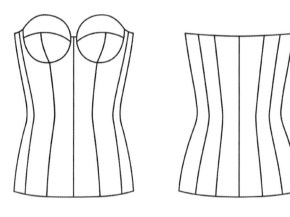

圖 7-17　及臀胸罩馬甲

版型說明

1. 原型胸褶轉移為肩褶（圖 2-8），胸圍尺寸貼合身體不加鬆份，因應活動需求，腰圍尺寸加 1 公分鬆份、臀圍尺寸加 2 公分鬆份。前後差為調整脇邊接縫線在側身的視覺置中位置，也可以將脇邊接縫線調整為偏前或偏後的位置。

2. 腰圍扣除後中褶與前中褶份，脇邊取 1 公分調整輪廓線，再計算腰褶份量。

3. 依體型考量，後腰褶可取單剪接線或雙剪接線。

4. 前腰褶份量★以 ±0.5 公分調整大小，分配脇褶小、胸下褶大，將版型立體度集中在胸下位置。

5. 三圍算式與製圖數據，皆以標準尺寸為依據的參考值。在版型設計過程，鬆份、前後差尺寸都可以依穿著者體型調整，並非固定不可改變。

製圖

1. 後片胸圍算式 = $\left(\dfrac{B84}{4} + 後中開口 0.5 + 腰褶開口 0.5 + 腰褶開口 0.5 - 前後差 1\right)$。

2. 前片胸圍算式 = $\left(\dfrac{B84}{4} + 腰褶開口 0.5 + 前後差 1\right)$。

3. 腰圍算式 $\left(\dfrac{W64+1}{4}\right)$ 標示整圈圍度的鬆份量 1，前後差 ±1。

4. 臀圍算式 $\left(\dfrac{H92+2}{4}\right)$ 標示整圈圍度的鬆份量 2，前後差 ±0.5，外凸份量◆約 1～1.5 公分。

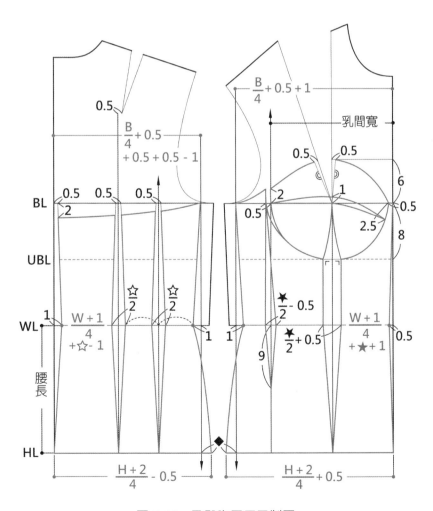

圖 7-18　及臀胸罩馬甲製圖

8

內褲版型設計

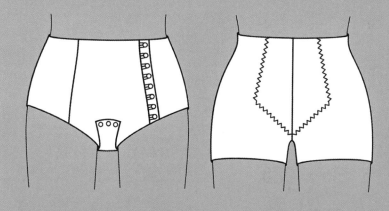

款式十七　基本型三角褲

　　全包覆款式是三角內褲的基本型，提供臀部與腹部完全的包覆，裁片簡單以穿著舒適性為版型設計重點（圖 8-1）。

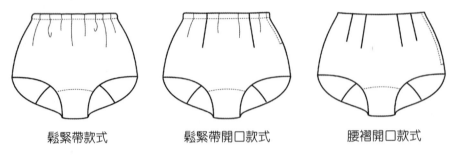

鬆緊帶款式　　　　鬆緊帶開口款式　　　　腰褶開口款式

圖 8-1　基本型三角褲

版型說明

1. 以腰長尺寸取腰圍線、臀圍線位置，褲襠尺寸取褲襠底位置，參考尺寸如表 1-4。版型結構為前片、後片二裁片，裡層製作柔軟防汙的底襠裁片。

2. 以標準尺寸為範例計算腰臀差數＝（量身臀圍 92 ＋鬆份 4）＝版型臀圍尺寸 96 公分，（版型臀圍 96 －腰圍 64）＝腰臀差 32 公分。褲腰拉開尺寸要大於量身臀圍尺寸，腰臀差褶份量採尖褶或鬆緊帶處理方式，製作方式不同，版型的呈現亦不同。

3. 鬆緊帶款式（圖 8-2）：臀圍合身，腰部有膨出的縐縮褶，為最容易穿脫舒適的款式。

4. 鬆緊帶開口款式（圖 8-3）：鬆緊帶在腰圍呈現鬆緊帶縐縮，視覺會顯得腹部膨出。搭配腰褶與開口可減少腰臀差，即減少腰圍鬆緊帶縐縮份，使腰部膨出份量減少，又保有鬆緊帶的舒適彈性。

5. 腰褶開口款式（圖 8-4）：臀圍、腰圍皆合身，最適合搭配展現腰身的外著服裝。腰臀差以製作腰褶處理，開口尺寸無法拉過臀部，必須製作開口增加腰圍開口尺寸。

製圖→鬆緊帶款式

1. 版型腰圍與臀圍同寬，腰圍以鬆緊帶縐縮為穿著尺寸，腰臀差 32 公分即鬆緊帶縐縮份。

2. 褲口尺寸取等分畫弧尺寸為預設值，版型曲線弧度應對應穿著者的臀部體態，經試穿修正。褲口弧度曲線參考款式設計變化，可直接畫取，不需畫等份取點連結。

3. 應確認褲口尺寸不會卡住胯下大腿根圍，造成穿著上的不舒適。褲口可車縫鬆緊帶收邊，使褲口圍度更貼合於身體大腿根圍處的弧度。

4. 採用單層布料製作，裁片布紋依材質與穿著機能需求決定：使用無彈性的平織布製作，臀圍處加基本鬆份，布紋利用正斜布紋較好的拉伸彈性以增加穿著舒適性。使用有彈性的針織布製作，臀圍處不需加鬆份，材質布紋皆採用直布紋。

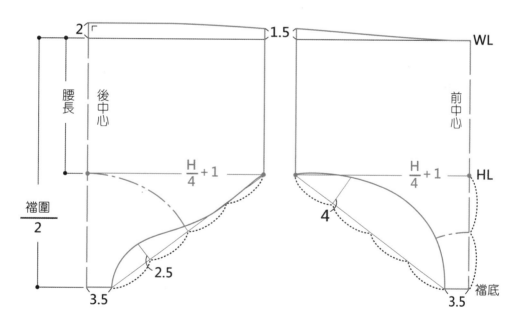

圖 8-2　三角褲鬆緊帶款式

製圖→鬆緊帶開口款式

1. 臀差數可分散於脇線、腰褶與鬆緊帶縐縮份之間。脇線、腰褶與鬆緊帶縐縮份分散的配比視布料材質厚薄與體型決定：布料厚，鬆緊帶縐縮份宜少；布料薄，鬆緊帶縐縮份可多；粗腰凸腹體型，鬆緊帶縐縮份宜少；細腰平腹體型，鬆緊帶縐縮份可多。

2. 側身脇線的腰身曲線弧度設定為 1.5 公分、褶份寬 2.5 公分，腰褶的寬窄與長短視體型取決，身體腹部凸面高於臀部凸面，腰褶的長度為前短後長。

3. 腰褶位置應對應穿著者的腰臀體態，腰尖指向腰臀的凸面，等分畫取位置為預設值，依個人體態試穿修正。

4. 開口尺寸 8 公分，兩邊對開即 16 公分＝（脇線弧度 6 ＋褶份總寬 10）。

5. 後腰鬆緊帶縐縮份 16 公分＝（腰臀差 32 －脇線弧度 6 －褶份總寬 10）。

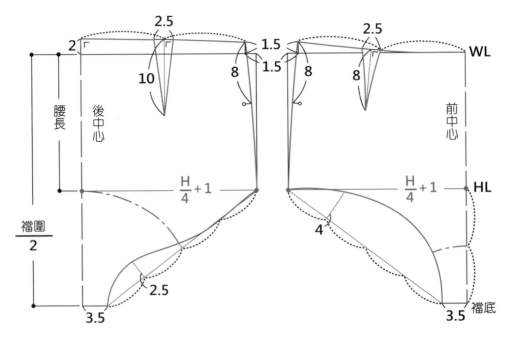

圖 8-3　三角褲鬆緊帶開口款式

製圖→腰褶開口款式

1. 先將輪廓線決定後，再以腰圍公式倒推出褶份量。
   細腰體型腰臀差大、腰褶份量多，取雙褶；粗腰體型
   腰臀差小、腰褶份量少，取單褶。

2. 側身脇線的腰身曲線弧度設定為 3 公分，（腰臀差
   數 32 －脇線弧度 12）＝褶份總寬 20 公分，褶份若
   均分為 8 褶，每褶寬份 2.5 公分。

3. 腰褶越寬，做出的版型立體凸面越大，褶份的配比依體型決定。翹臀體型的褶
   份應分配後腰褶份☆＞前腰褶份★；凸腹體型的褶份應分配於前腰褶份★＞後腰
   褶份☆。

4. 開口 16 公分，兩邊對開即 32 公分＝（脇線弧度 12 ＋褶份總寬 20）。

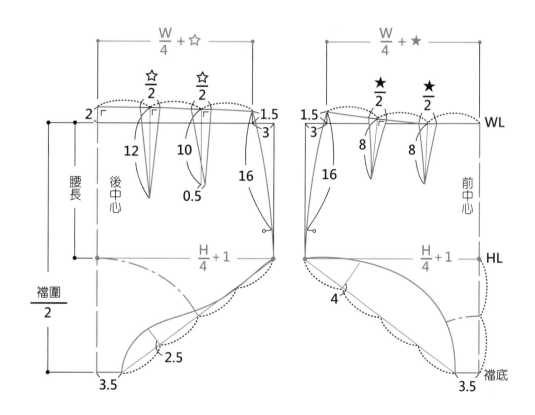

圖 8-4　三角褲腰褶開口款式

款式十八　剪接開口三角褲

　　基本型三角褲的變化款式，腰臀差前身褶份採用剪接線製作，穿著合身平整；
後身褶份採用鬆緊帶製作，穿著彈性舒適，仍保有尺寸調整的空間（圖8-5）。

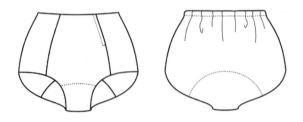

圖 8-5　剪接開口三角褲

製圖

1. 以襠圍尺寸取褲襠底位置，減去襠圍尺寸1公分，即將褲腰線降低1公分（圖8-6）。

2. 鬆緊帶縐縮份 15 公分 =（腰臀差數 32 - 脇線弧度 9 - 褶份總寬 8）。

3. 開口 10 公分，兩邊對開即 20 公分 =（脇線弧度 12 + 褶份總寬 8）。

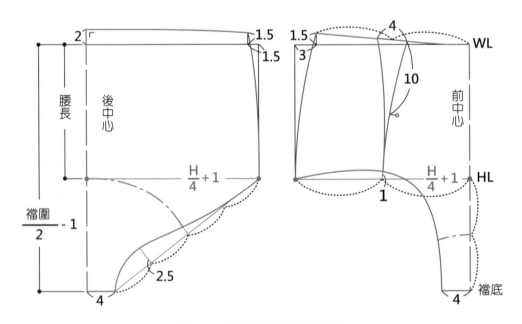

圖 8-6　剪接開口三角褲製圖

版型結構為後一片、前三片，裡層製作柔軟防汙的底襠裁片。底襠裁片為前後內襠紙型合併、沒有接縫線，穿著時胯不會產生摩擦不適感（圖 8-7）。

使用有彈性的針織布製作，臀圍處不需加鬆份，材質布紋皆採用直布紋。使用無彈性的平織布製作，布紋採用易拉伸變形的斜向正斜布紋，可給予穿著活動彈性的空間，提升穿著舒適度。前中心裁片採用穩定低展延的經向直布紋，可將腹部的肉包覆，著重塑身功能，亦可更換為正斜布紋或使用蕾絲、薄紗、刺繡等素材變化設計樣式。

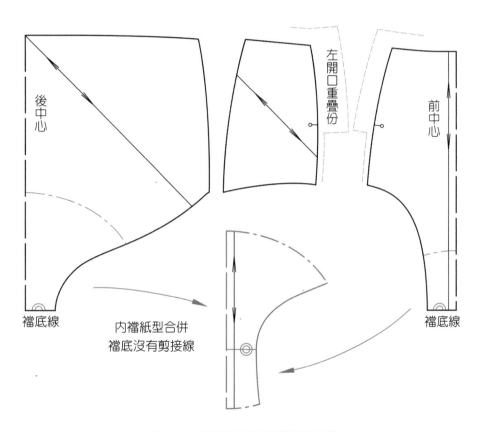

圖 8-7　剪接開口三角褲紙型分版

款式十九　訂製三角褲

　　手工訂製內褲，左側剪接與襠底全開口，版型以多褶線塑造立體形態，常搭配運用於手工訂製塑身衣版型設計（圖 8-8）。款式傳統呈現年代感，打版書籍所載數據依標準尺寸設定，腰褶的配比須依個別體型差異核算決定（圖 8-9）。

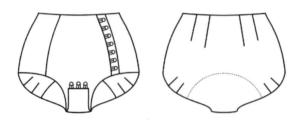

圖 8-8　訂製三角褲

製圖→基本款式

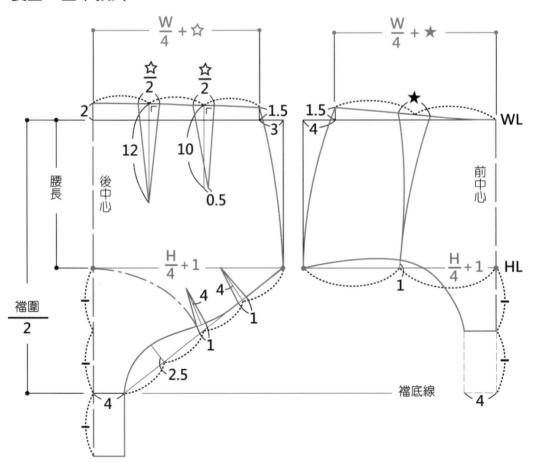

圖 8-9　訂製三角褲製圖

版型說明

1. 以腰長尺寸取腰圍線、臀圍線位置，襠圍尺寸取褲襠底位置，參考尺寸如表1-4。

2. 版型結構為後片一片、前片三片，裡層可製作柔軟防汙的底襠裁片（圖8-10）。

3. 採用開鈕洞、縫鈕全開口的製作方式，裁片分版時左側與襠底外加重疊份。

4. 襠底接縫線偏前容易扣合，胯下沒有接縫線，穿著時不會產生摩擦不適感。

5. 著重塑身功能材質，使用無彈性平織布，裁片布紋採用低展延的經向直布紋，可穩定將腹臀部的肉完全包覆。

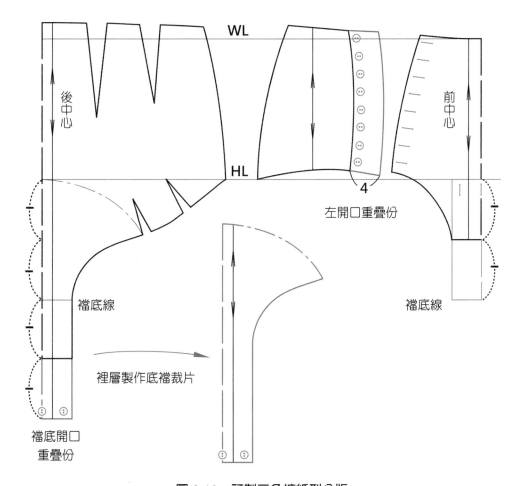

圖 8-10　訂製三角褲紙型分版

製圖→脇剪接線前移款式

前後差尺寸可調整脇邊接縫線的位置與前後裁片大小，以 ±3 公分前後差將褲脇邊接縫線前移，脇邊接縫線在前，後裁片大於前裁片 6 公分（圖 8-11）。後臀包覆面積加大，前褲口弧度高於臀圍線，褲口尺寸不會卡住胯下大腿根圍。

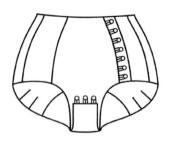

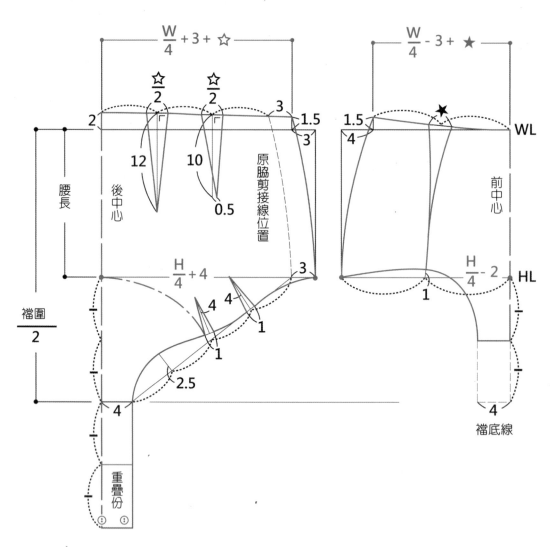

圖 8-11　脇剪接線位置調整

款式二十　彈性三角褲

　　使用彈性布料製作的三角褲，腰圍採用鬆緊帶處理方式，版型結構線條單純，使用簡易製圖法直接套入數據可快速打版。基本款式版型可作為原型，變化腰圍線高低、褲口樣式，為版型設計的要點（圖8-12）。三角褲款式的包覆面積影響穿著外觀與舒適度：前身包覆面積太大時，褲口會卡住胯下大腿根圍，穿著易產生勒痕；後臀包覆面積不足時，動作時裁片易往股溝陷入；褲口可車縫鬆緊帶收邊，使褲口圍度更貼合於身體大腿根圍處的弧度。版型設計過程，製圖算式與數據為參考依據，需依穿著者體型調整。

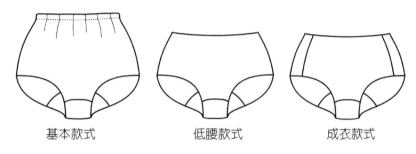

基本款式　　　　低腰款式　　　　成衣款式

圖8-12　彈性三角褲

版型說明

1. 版型結構為前片、後片與底襠三裁片，裡層製作柔軟防汙的底襠裁片。

2. 彈性布料版型臀圍尺寸處不需加鬆份，彈性量大時還可以扣除部分伸縮量。

3. 基本款式（圖8-13）：臀圍合身，腰部有膨出的縐縮褶，為最容易穿脫且舒適的款式。鬆緊帶褲腰拉開尺寸要大於量身臀圍尺寸，腰臀差數即腰圍鬆緊帶縐縮份。

4. 低腰款式（圖8-14）：以基本款式版型為原型，將腰圍線平行降低至設計的低腰高度。隨著褲腰線降低，低腰圍尺寸會加大，應核對完成尺寸。設定腰線降低8公分、低腰圍尺寸為84公分，以彈性量20%計算腰圍完成尺寸＝（製圖低腰圍尺寸84×彈性量0.8）＝67.2≒成品褲腰尺寸67公分。

5. 成衣款式（圖8-15）：成衣三角褲以前後差調整脇邊接縫線的位置，將脇邊接縫線前移，後臀包覆面積加大，前褲口弧度高於臀圍線，提升穿著機能性。

製圖→基本款式

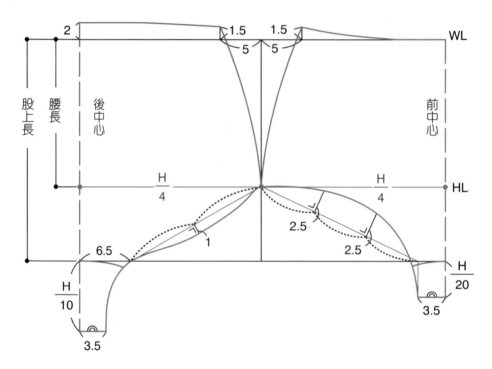

圖 8-13　彈性三角褲基本款式

製圖→低腰款式

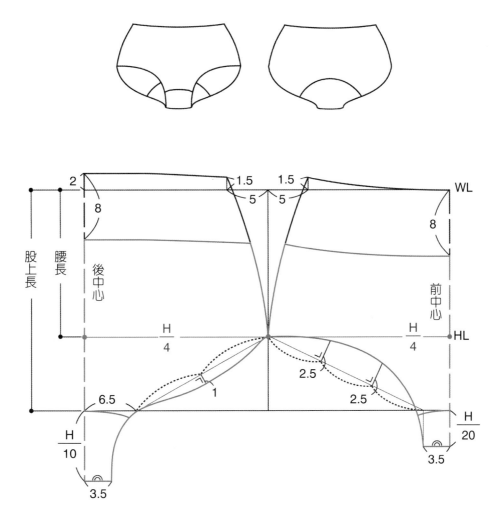

圖 8-14　彈性三角褲低腰款式

製圖→成衣款式

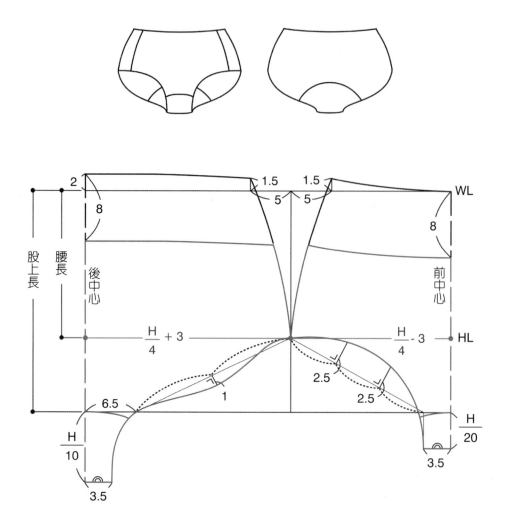

圖 8-15　彈性三角褲成衣款式

款式二一　高衩三角褲

　　高衩褲款式外脇線短，臀圍沒有完全包覆，版型套入臀圍尺寸容易理解對應身體的形態（圖 8-16）。以低腰圍尺寸 84 公分採簡易製圖法，可快速產出相同的版型（圖 8-17）。

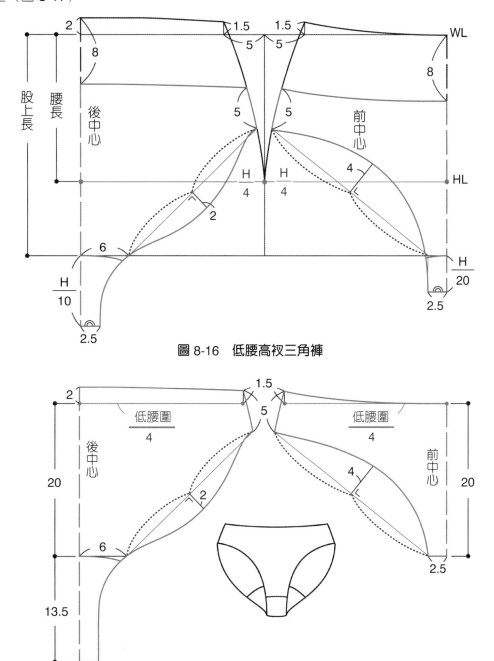

圖 8-16　低腰高衩三角褲

圖 8-17　三角褲簡易製圖

款式二二　丁字褲

　　丁字褲前片與高衩三角褲相似，後片為包覆面積極小的長條型，穿著時外觀不會呈現內褲的段痕（圖 8-18）。彈性三角褲製圖設定腰圍尺寸不變，腰圍上彎弧度越高，褲口弧度尺寸越長；若腰圍與褲口尺寸同步改變，弧度越上彎、尺寸越大，鬆緊縮份越多。以丁字褲（圖 8-19）為例，上彎尺寸由 1.5 公分提升至 8 公分，腰圍與褲口尺寸同步加長。

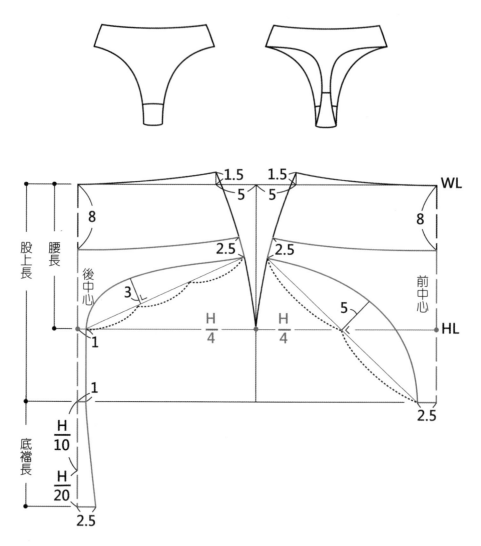

圖 8-18　丁字褲

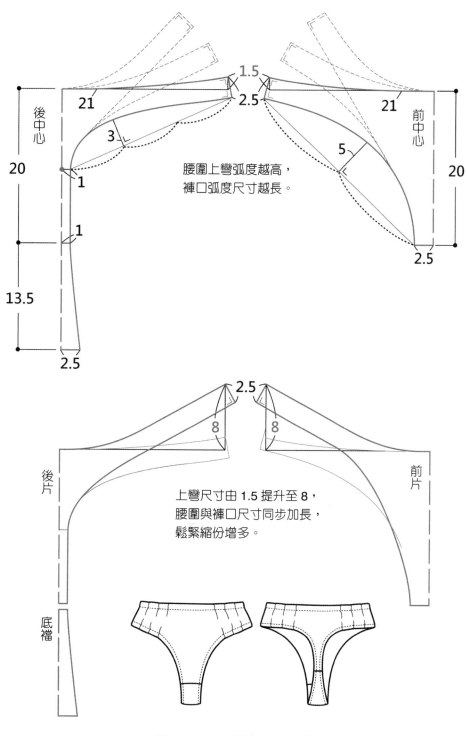

腰圍上彎弧度越高，
褲口弧度尺寸越長。

上彎尺寸由 1.5 提升至 8，
腰圍與褲口尺寸同步加長，
鬆緊縮份增多。

圖 8-19　三角褲褲口線調整

款式二三　彈性四角褲

　　四角褲穿著時褲口貼合於大腿，臀部與大腿根圍包覆面積完整，可提升穿著的安全性與穩定性，避免活動時褲型移位、褲管捲起的問題（圖 8-20）。

四片結構款式　　　　二片結構款式　　　　低腰款式

圖 8-20　彈性四角褲

製圖→四片結構款式

　　四片結構款式版型，為左前片、右前片、左後片、右後片（圖 8-21）。

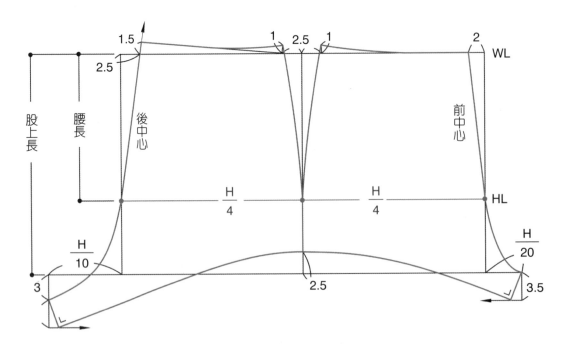

圖 8-21　彈性四角褲四片結構

製圖→二片結構款式

　　二片結構款式版型，沒有外脇剪接線的左半身與右半身減少接縫線，可避免車縫線與肌膚摩擦的不適感，還可簡化製作工序（圖 8-22）。使用彈性布製作的四角褲，版型臀圍尺寸處不需加鬆份，彈性量大時還可以扣除部分伸縮量，腰圍採用鬆緊帶處理方式，為安全褲常用的版型。

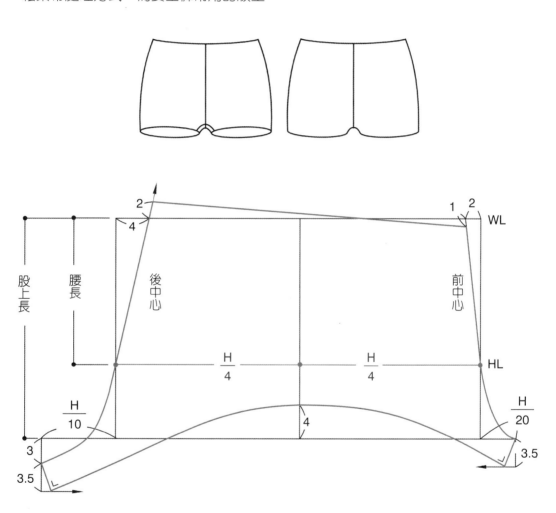

圖 8-22　四角褲二片結構

製圖→低腰款式

以二片結構款式為原型，將腰圍線平行降低至設計的低腰高度。低腰款式隨著褲腰線降低，低腰圍尺寸會加大，應核對完成尺寸（圖 8-23）。腰帶可穩定穿著時褲腰的位置，製作方式要避免外著表面出現腰帶的厚度痕跡。

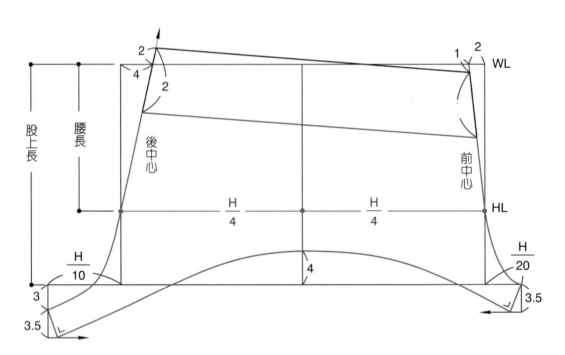

圖 8-23　低腰四角褲

款式二四　四角褲襠片結構

版型結構為前後中心線取雙，前片、後片、底襠三片結構（圖 8-24）。採簡易製圖方式，可快速產出相同的版型（圖 8-25）。以標準尺寸設定彈性量 20% 布料為製圖範例，腰線降低 8 公分時，低腰圍尺寸為 84 公分：

（量身臀圍尺寸 92× 彈性量 0.8）＝ 73.6 ÷製圖臀圍尺寸 74 公分；

（量身低腰圍尺寸 84× 彈性量 0.8）＝ 67.2 ÷製圖褲腰尺寸 67 公分。

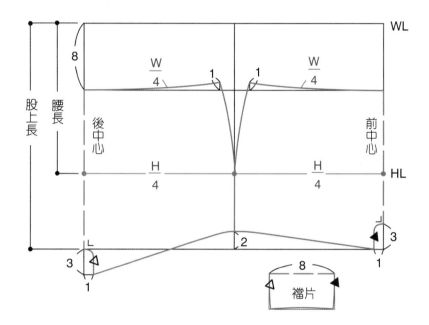

圖 8-24　四角褲襠片結構

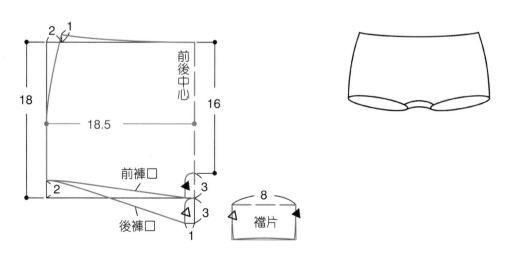

圖 8-25　四角褲襠片結構簡易製圖

款式二五　四角褲一片結構

　　版型結構為後中心線取雙、沒有外脇線而一體成型的一片結構（圖 8-26）。褲型鬆份增加，舒適性較高，可作為休閒款式的內褲。股上持出份全集中於前片，內脇曲線後凹前凸，以曲線彎度調整尺寸使前後脇線等長。一片構成的版型可節省一半的用布量，接縫線少，製作工序也隨之簡化。

　　股上持出份算式＝（後股上持出份 $\dfrac{H}{10}$ ＋前股上持出份 $\dfrac{H}{20}$）＝ $\dfrac{3H}{20}$。

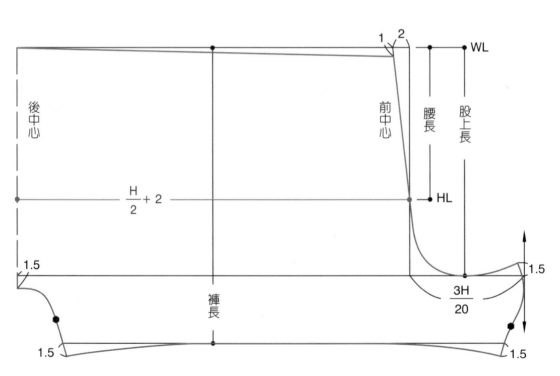

圖 8-26　四角褲一片結構

款式二六　變化褲一片結構

版型結構為前中心線取雙、沒有外脇線而一體成型的一片結構（圖 8-27）。前片為三角褲型，股上持出份從前中心線垂直而下；後片為四角褲型，股上持出份從股上線水平加出。穿著時三角褲口圍度貼合於大腿根圍的弧度，四角褲後臀包覆面積完整。

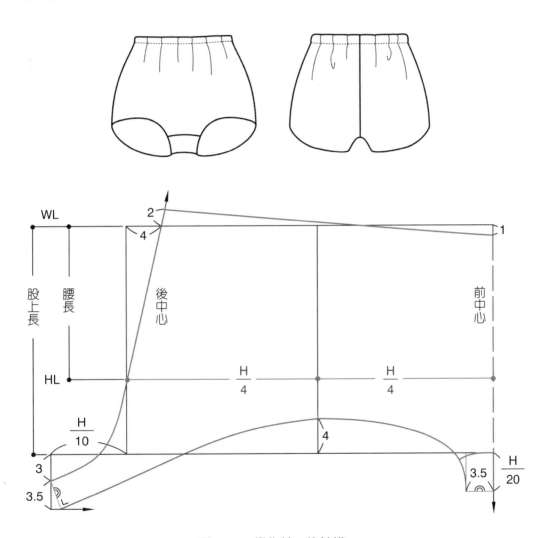

圖 8-27　變化褲一片結構

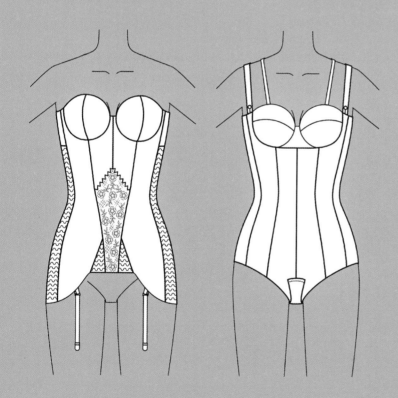

9

塑身衣版型設計

「塑身衣」貼身不緊束，穩定包覆身體贅肉，穿著藉以調整體型，進而改善因囤積脂肪形成的不佳體態。長時間穿著，材質須舒適透氣，並有可應付日常動作的彈性。塑身衣須依個人體型調整修飾的重點，手工量身訂製成品優於成衣尺碼量產商品。

　　連身塑身衣長度從胸至胯下之間，打版採用裁片數多的結構，依個人身材需求分別調整三圍尺寸鬆份量，還需考量背長至股上長的衣長比例，連身褲型塑身衣涉及襠長與身長等長度尺寸，胯下長度不足時會造成穿著牽吊，打版技術要求極高。上下身分離的單品及腰胸罩、腰夾、束腹、束褲可組合穿著，版型比連身塑身衣簡單，但是多件式穿著容易出現贅肉段差，舒適感與塑型效果皆不如連身塑身衣（圖9-1）。

　　塑身衣的製作著重於身體曲線的定型，需強化集中加壓的局部面積，例如腹部、脇側與大腿，使用斜裁或雙層布製作。剪接線處會使用魚骨增加支撐，魚骨的寬度或支撐數量視體型形態取決，金屬材質魚骨的支撐力與耐用度優於塑膠魚骨，塑膠材質適合造型服裝，金屬材質適合塑型服裝。

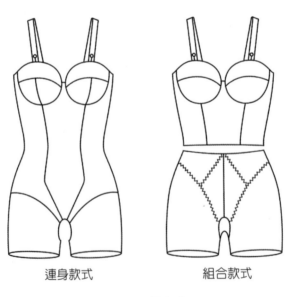

連身款式　　　　　　組合款式

圖 9-1　塑身衣

款式二七　三角束褲

　　束褲腰線高於肚臍，以高腰線包覆腰圍調整腰部曲線，前片採用雙層裁片製作，可穩定腹部贅肉、收緊小腹，後臀線以交叉重疊份做出臀部立體形態（圖9-2）。使用彈性布製作，以標準尺寸設定彈性量 20% 布料為製圖範例：

（量身臀圍尺寸 92× 彈性量 0.8）＝ 73.6 ÷製圖臀圍尺寸 74 公分；

（量身腰圍尺寸 64× 彈性量 0.8）＝ 51.2 ÷成品褲腰尺寸 51 公分。

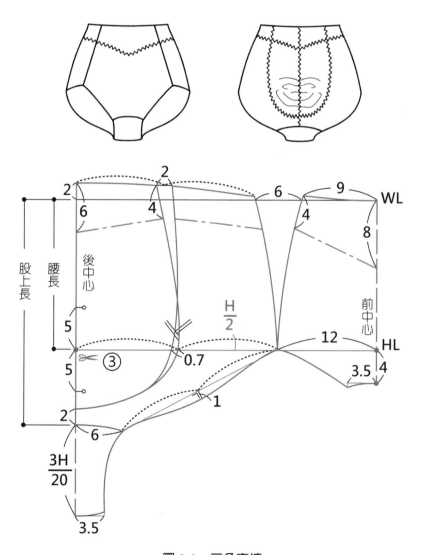

圖 9-2　三角束褲

依設計與機能需求，紙型可採用不同的分版處理。直接描繪版型的後中心直線，採折雙裁剪可簡化製作工序；紙型切展後臀線外加縮縫份，可增加臀部立體形態，後中心線成為弧線不能折雙（圖9-3）。紙型切展份量依體型自行設定，圖9-2製圖標示圈內數字代表設定要展開的份量。

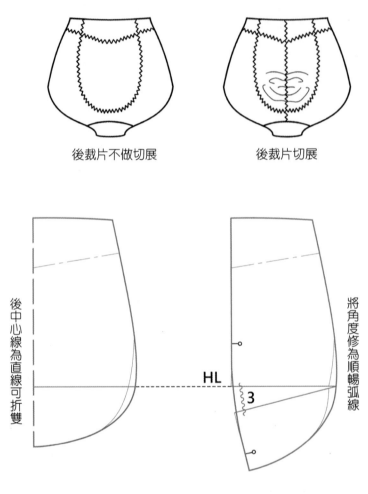

後裁片不做切展　　　　　　　　後裁片切展

後中心線為直線可折雙

HL

3

將角度修為順暢弧線

圖9-3　紙型分版差異

款式二八　四角束褲

　　高腰四角褲型褲腰，前中採用菱形雙層裁片製作，腰褶份以紙型合併或剪接線方式處理，後臀線以交叉重疊份或多裁片拼縫做出臀部立體，可避免腰、臀至大腿間出現贅肉段差，為具修飾效果的機能型內褲（圖 9-4）。使用材質緊緻的彈性布製作，彈性量小的布料，褲腰若無法拉過臀部，前中心需製作開口。

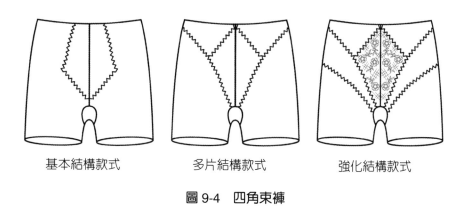

基本結構款式　　　　多片結構款式　　　　強化結構款式

圖 9-4　四角束褲

版型說明

1. 褲長尺寸 38 公分，以標準尺寸設定彈性量 10% 布料為製圖範例：
   （量身臀圍尺寸 92 × 彈性量 0.9）＝ 82.8 ≒ 製圖臀圍尺寸 83 公分；
   （量身腰圍尺寸 64 × 彈性量 0.9）＝ 57.6 ≒ 成品褲腰尺寸 58 公分。

2. 後襠寬△、前襠彎度▲、內脇長◆，尺寸之間相互影響，相同圖形符號為相接縫合線段必須等長，以曲線彎度調整尺寸。

3. 基本結構（圖 9-5）：股上持出份 $\dfrac{3H}{20}$ ≒ 12.5 公分，襠片長度確定後，量取▲線段長度尺寸再調整前襠彎度使之等長。

4. 多片結構（圖 9-6）：襠片長度 10.5 公分，為基本結構扣除後中心延長的 2 公分。

5. 強化結構（圖 9-7）：以多片結構款式為原型，增加剪接線與裁片數，表層裁片可搭配蕾絲片變化設計，裡層裁片部位為補強包覆與拉提（圖 9-8）。

製圖→基本結構款式

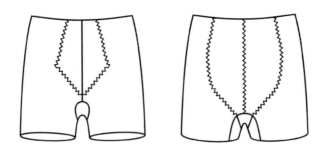

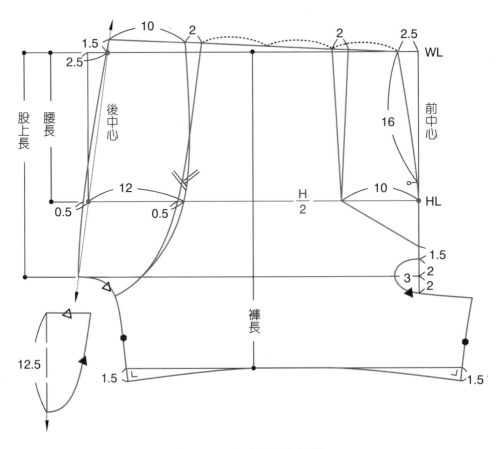

圖 9-5　四角束褲基本結構

製圖→多片結構款式

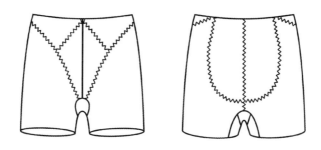

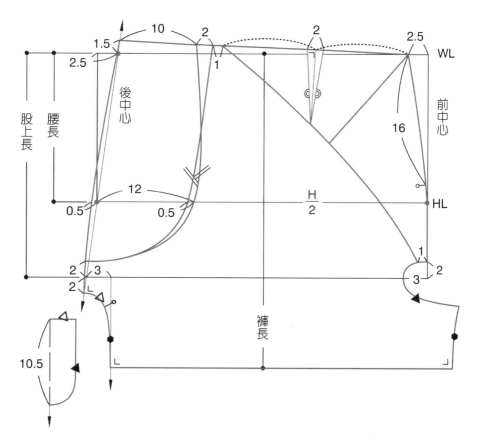

圖 9-6　四腳束褲多片結構

製圖→強化結構款式

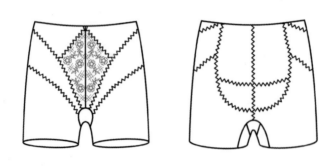

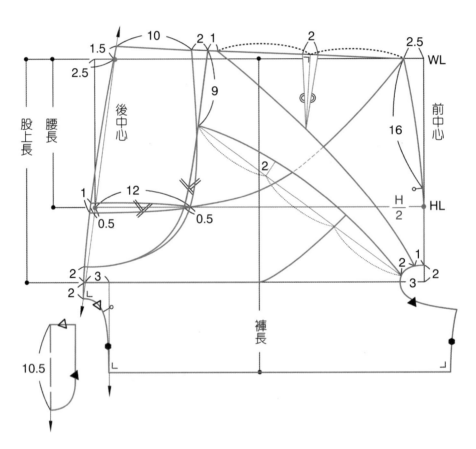

圖 9-7　四腳束褲強化結構

表層分版：

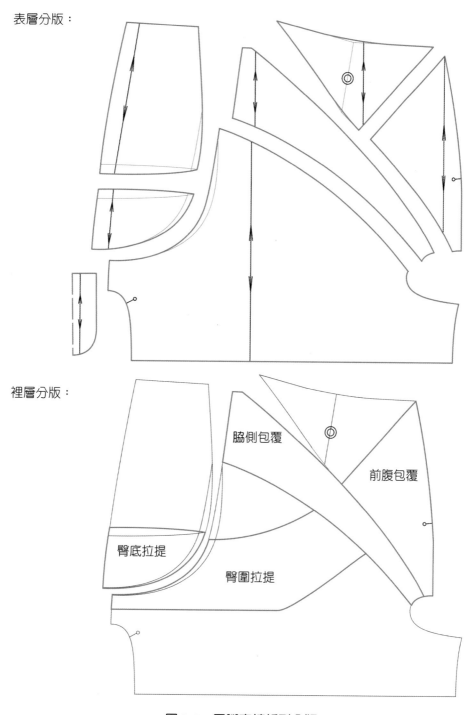

裡層分版：

脇側包覆

前腹包覆

臀底拉提

臀圍拉提

圖 9-8　四腳束褲紙型分版

款式二九　束腹

　　束腹長度從腰圍至大腿圍之間，穩定腹部贅肉、使小腹平坦，為修飾性的輔助型內衣（圖 9-9）。穿脫束腹比束褲簡單輕鬆，前中衣襬剪接鬆緊帶嵌片，增加行走跨步的活動機能性，衣襬製作吊環可搭配穿著吊襪帶。

基本款式　　　　　　　　　　彈性款式

圖 9-9　束腹

版型說明

1. 以高腰線包覆腰圍調整腰部曲線，可避免穿著時出現贅肉斷痕。

2. 前片縫製金屬魚骨（扁鋼骨）或使用雙層彈性布製作，可加壓腹部、強化平腹體態。

3. 衣襬圍度適度扣除腿圍處的鬆份，可以貼合體型。

4. 使用橫布製作，以穩定低展延的經向直布紋為圍度布紋有較好的強力。

5. 基本款式（圖 9-10）：脇側小面積搭配彈性布製作，製圖尺寸使用量身腰圍與臀圍尺寸，彈性量僅扣除整件圍度尺寸 2 公分。計算出腰圍尺寸後，多餘的份量★需製作腰褶，褶份視體型分配，以腰臀差數製作左前開口。

6. 彈性款式（圖 9-11）：大面積以彈性布製作，設定彈性量10%布料為製圖範例：
   （量身臀圍尺寸 92 × 彈性量 0.9）＝ 82.8 ÷製圖臀圍尺寸 83 公分；
   （量身腰圍尺寸 64 × 彈性量 0.9）＝ 57.6 ÷製圖腰圍尺寸 58 公分。

製圖→基本款式

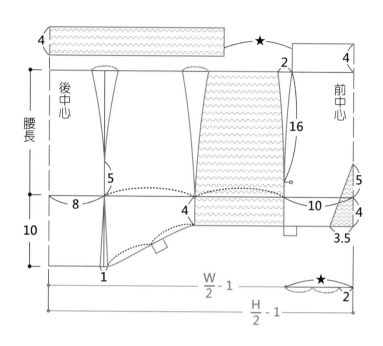
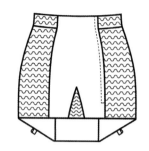

製圖尺寸：W64、H92。

紙型分版：

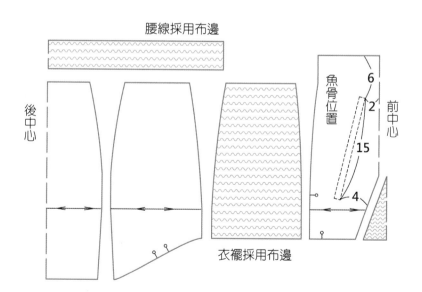

圖 9-10　基本款式束腹

製圖→彈性款式

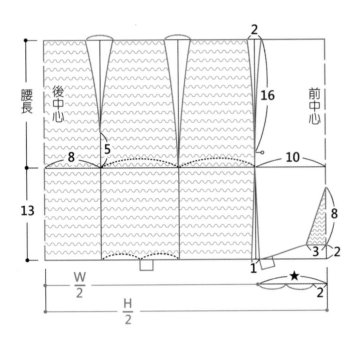

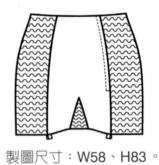

製圖尺寸：W58、H83。

紙型分版：

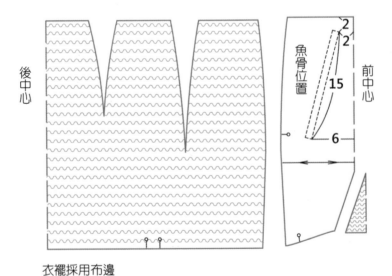

衣襬採用布邊

圖 9-11　彈性款式束腹

款式三十　腰夾

　　腰夾長度從胸下圍至臀圍之間，剪接線縫製魚骨（彈性螺旋鋼骨）加壓並給予支撐，強化腰腹部贅肉的緊束，防止囤積脂肪向上下移動，塑造腰身曲線的視覺效果。相同版型採用不同製作方式，即可變化不同的細部設計，例如前中心全開口以拉鍊替換為排鉤，後中心加上交叉綁帶與襠布，搭配布料變化可成為外穿款式。（圖 9-12）。

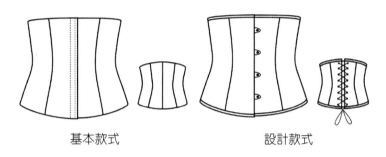

基本款式　　　　　　　　　設計款式

圖 9-12　腰夾

版型說明

1. 版型結構線條單純，使用簡易製圖法直接套入數據可快速打版（圖 9-13）。脅長為胸圍線至腰圍線，腰長為腰圍線至臀圍線位置，畫出三圍尺寸，依設計取上圍線與下圍線，容易理解對應身體的高度位置。

2. 以標準尺寸為計算範例，說明算式中數字所代表的意思：

   胸圍算式：$(\dfrac{B84}{4} + 後中開口\ 0.5 \pm 前後差\ 1)$；

   腰圍算式：$(\dfrac{W64}{4} + 褶份☆★ \pm 前後差\ 1)$；

   臀圍算式：$(\dfrac{H92 + 鬆份\ 2}{4} \pm 前後差\ 1)$；

   畫出輪廓線後，再計算出腰褶份☆＝ 3 公分、★＝ 3.5 公分。

3. 後中製作襠布與綁帶可彈性調整圍度尺寸，襠布寬度依需求決定。襠布寬度取窄，圍度調整尺寸有限；襠布寬度取寬，會堆積厚度，穿著外觀不平整。

製圖

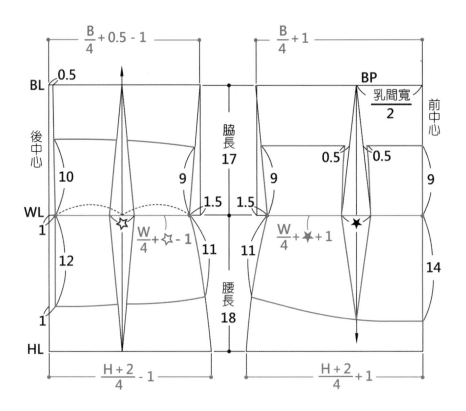

紙型分版：

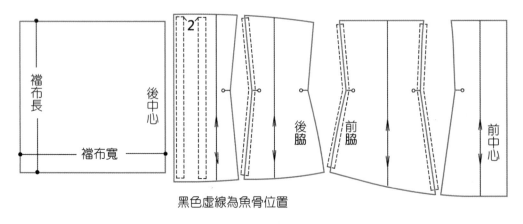

黑色虛線為魚骨位置

圖 9-13 　腰夾製圖

款式三一　胸托

「胸托」採用可替換胸罩的設計，胸口取大 U 形線條，以輔助胸罩的支撐與承托力（圖9-14）。前中心開口使用拉鍊能快速穿脫，使用排釦可微調圍度尺寸。

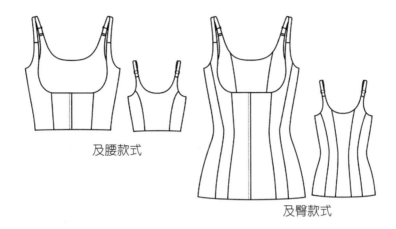

及腰款式

及臀款式

圖 9-14　胸托

版型說明

1. 原型胸褶份不需轉移（圖2-3），以胸圍尺寸不加鬆份計算版型寬度基準，製圖垂直往下延伸，畫取腰圍線與臀圍線。計算出腰圍尺寸後，多餘的份量需製作腰褶，後腰褶份☆、前腰褶份★。

2. 紅色虛線段尺寸加總為胸下圍尺寸，核對胸下圍尺寸，多餘份量▮併入胸下褶。

4. 前肩帶在 $\dfrac{小肩}{3}$ 處垂直而下，後肩帶依前肩等份尺寸定位。

5. 及腰款式（圖9-15）：單褶線曲度強，版型立體集中，亦可依體型採用多褶線設計。

6. 及臀款式（圖9-16）：多褶線曲度弱，版型立體分散。製圖時以臀圍尺寸畫出完整版型後，再依照設計的衣長取襬圍線，襬圍在腹部需核對腹圍尺寸。

7. 胸下圍至腹圍剪接線處，縫製魚骨給予強化支撐，並加壓腰腹部的贅肉（圖9-17）。

8. 製作裡層版型分版時，褶份做紙型合併處理，避免增加縫線厚度（圖9-18）。

製圖→及腰款式

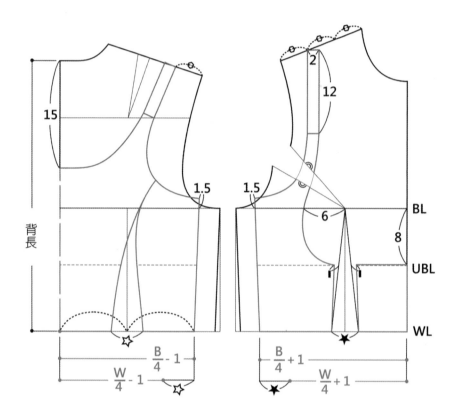

15

背長

1.5

1.5

BL

6

8

UBL

WL

2

12

$\dfrac{B}{4} - 1$

$\dfrac{W}{4} - 1$

$\dfrac{B}{4} + 1$

$\dfrac{W}{4} + 1$

紙型分版：

黑色虛線為魚骨位置

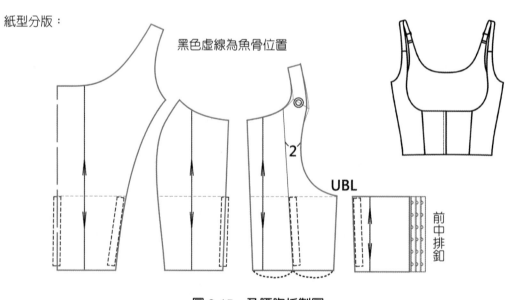

2

UBL

前中排釦

圖 9-15　及腰胸托製圖

製圖→及臀款式

　　脇邊線剪接四片構成的衣版，以胸圍尺寸為版型寬度基準。特殊體型圖版的臀圍尺寸與腰圍尺寸調整，可參照「款式十五　馬甲的三圍尺寸調整」。

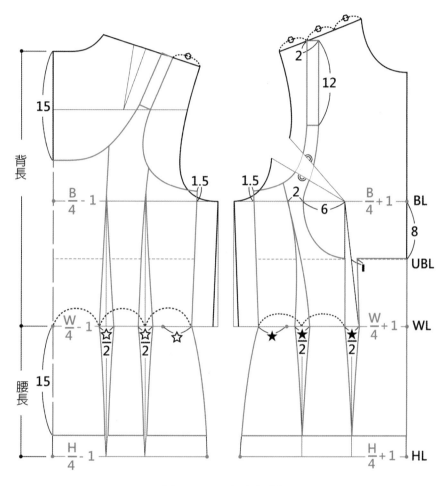

圖 9-16　及臀胸托製圖

魚骨的位置與數量，依體型需求決定是否放置，大尺碼塑身衣需要增加支撐，就會使用魚骨。裁片數多、剪接線亦多，利用接縫線放置魚骨就可達到支撐效果（圖 9-17）。裁片數少、剪接線亦少，在較寬的裁片以織帶或人字帶車縫中空的套管，可增加魚骨數量（圖 9-15）。

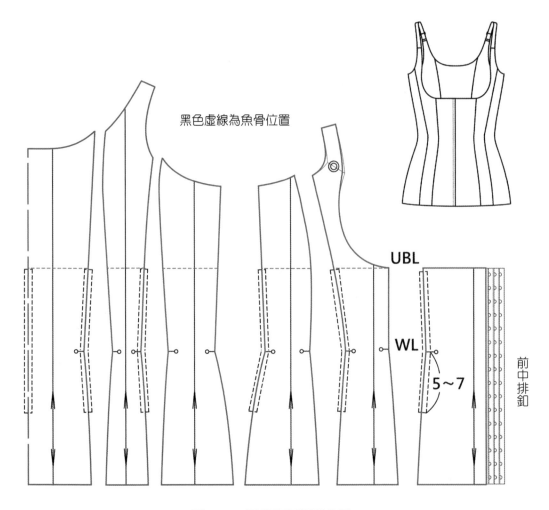

黑色虛線為魚骨位置

UBL

WL

5〜7

前中排鈕

圖 9-17　及臀胸托紙型分版

製圖→X防駝背片

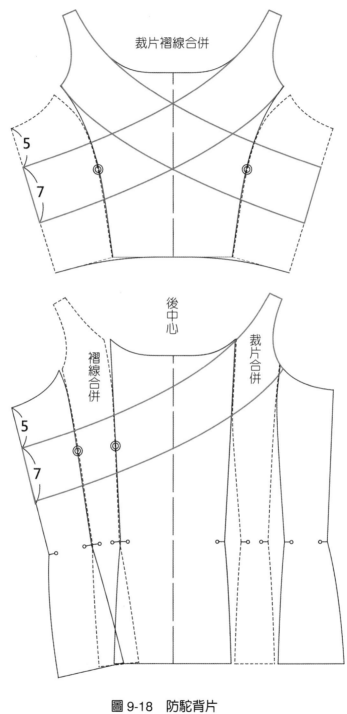

裁片褶線合併

5

7

後中心

褶線合併

裁片合併

5

7

圖 9-18　防駝背片

款式三二　胸罩及臀裙塑身衣

結合胸罩、束腰與束腹功能的連身塑身衣，長度至腹部，以單層布料製作（圖 9-19）。胸罩罩杯裡層製作襯墊口袋可置入活動襯墊，於穿著禮服和貼身連衣裙時使用，衣襬製作吊環可搭配吊襪帶。

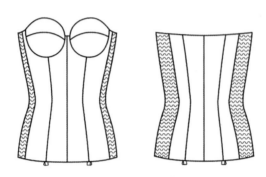

圖 9-19　胸罩及臀裙塑身衣

版型說明

1. 原型胸褶轉移為肩褶（圖 2-8），脇側搭配彈性布製作，半件衣服版型寬度依彈性量扣除 1 公分圍度尺寸（圖 9-20）。

2. 以臀圍寬度尺寸為版型寬度基準，製圖垂直往上延伸，畫取腰圍線與胸圍線。製圖時以臀圍尺寸畫出完整版型後，再依照設計的衣長取襬圍線，襬圍在腹部需核對腹圍尺寸。

3. 腰圍圍度扣除後中褶 1.5 公分與前中褶 0.5 公分再計算尺寸，腰褶份★均分為 4 褶☆，前褶以 ±0.5 公分的差數調整尺寸分配畫褶。後腰褶 d ＝☆、後脇褶 c ＝☆；前脇褶 b ＝☆－0.5、前腰褶 a ＝☆＋0.5。

4. 胸圍圍度扣除後中褶間距▽再計算尺寸，胸間距尺寸▲均分為 2 等份△，利用原型後腰褶 d 與後脇褶 c 位置扣除。

5. 紅色虛線段尺寸加總為胸下圍尺寸，需核對量身胸下圍尺寸。

製圖

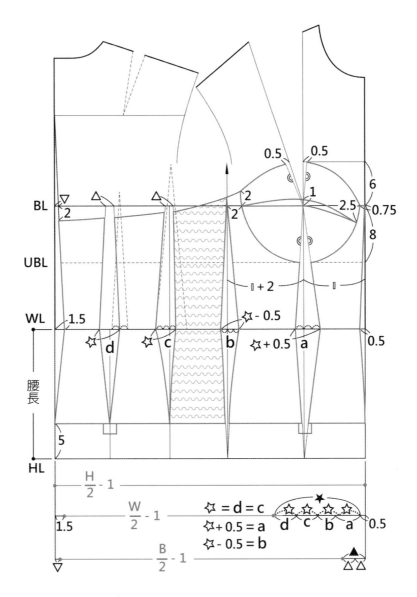

図 9-20　胸罩及臀裙塑身衣製圖

罩杯與前身片為相接縫合的線，只要接縫線段尺寸固定不變，紙型分版時依胸褶合併處理，可變換罩杯裁片數為單一裁片、二裁片、三裁片或四裁片（圖6-17～6-20）。罩杯款式可組合搭配變換細部設計，例如全罩杯、3/4罩杯與1/2罩杯（圖6-29），搭配垂直剪接線或水平剪接線（圖6-30）。

使用橫布製作，以穩定低展延的經向直布紋為圍度布紋有較好的強力。完成線取布邊可省略收邊處理工序，並避免柔軟材質的禮服表面出現內著衣襯厚度痕跡（圖9-21）。

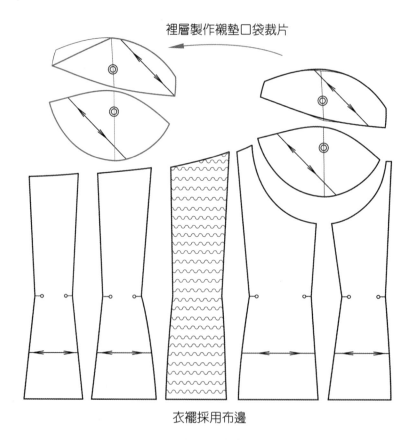

裡層製作襯墊口袋裁片

衣襯採用布邊

圖 9-21　胸罩及臀裙塑身衣紙型分版

款式三三　胸罩及腿裙塑身衣

連身塑身衣長度至大腿圍，以單層布料製作，胸罩罩杯裡層製作襯墊口袋可置入活動襯墊，為修飾性的輔助型內衣（圖 9-22）。穿脫裙款連身塑身衣比褲款連身塑身衣簡單輕鬆，前中衣襬與後中剪接鬆緊帶嵌片增加活動機能性，襬圍製作吊環可搭配穿著吊襪帶。

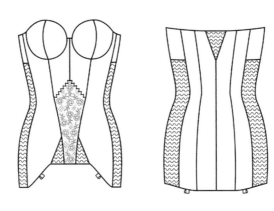

圖 9-22　胸罩及腿裙塑身衣

版型說明

1. 原型胸褶轉移為肩褶（圖 2-8），脇側搭配彈性布製作，半件衣服版型寬度依彈性量扣除 1 公分圍度尺寸（圖 9-23）。

2. 以臀圍寬度尺寸為版型寬度基準，製圖垂直往上延伸，畫取腰圍線與胸圍線。

3. 腰圍圍度扣除後中褶 1.5 公分與前中褶 0.5 公分再計算尺寸，腰褶份★均分為 4 褶☆，前褶以 ±0.5 公分的差數調整尺寸分配畫褶。

4. 胸圍圍度扣除後中褶間距▽再計算尺寸，胸間距尺寸▲均分為 2 等份△，利用原型後腰褶 d 與後脇褶 c 位置扣除。

5. 衣襬圍度適度扣除腿圍處的鬆份，可以貼合體型。

6. 罩杯款式可組合搭配變換細部設計，紅色虛線段尺寸加總為胸下圍尺寸，需核對量身胸下圍尺寸。

製圖

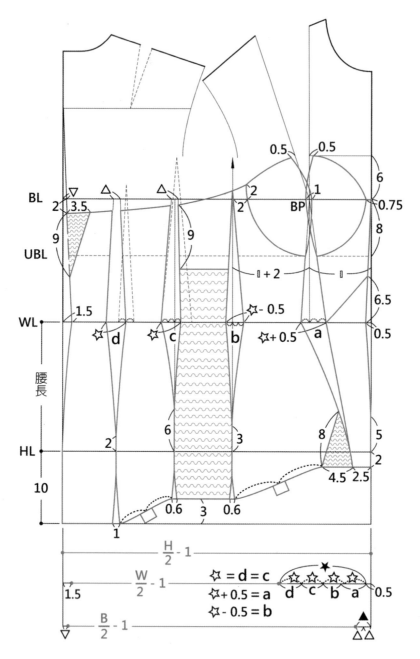

圖 9-23　胸罩及腿裙塑身衣製圖

多裁片剪接版型，依據不同部位機能性需求採用不同功能的素材與布紋方向。罩杯布紋採用正斜布紋，有較佳的拉伸性與包覆性；鬆緊帶嵌片與彈性布完成線取布邊，可避免柔軟材質的禮服表面出現內著衣襯厚度痕跡；身體裁片使用橫布，以低展延的經向直布紋為圍度布紋有較好的強力。腹部局部加壓可使用雙層裁片，表層裁片取直布紋搭配蕾絲片折雙裁剪變化設計，裡層裁片部位取橫布紋補強包覆與拉提（圖9-24）。

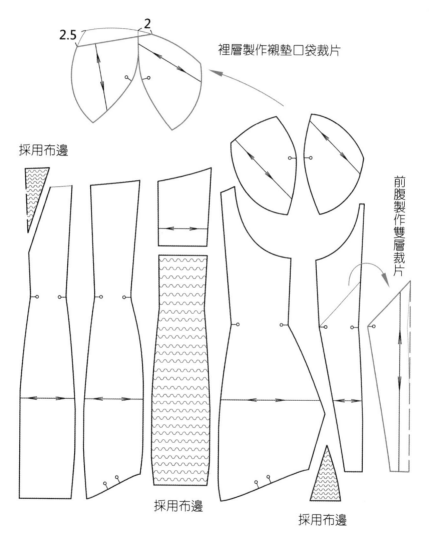

圖9-24　胸罩及腿裙塑身衣紙型分版

款式三四　胸托三角褲塑身衣

　　完整包覆身軀修飾身形曲線的三角褲款連身塑身衣，褲底採用全開釦式設計，內褲可穿於塑身衣之內，不影響如廁（圖 9-25）。前中心製作排釦或拉鍊，褲襠底開口接縫線偏前，穿著時容易扣合。

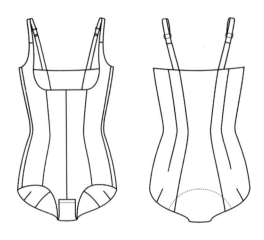

圖 9-25　胸托三角褲塑身衣

版型說明

1. 原型胸褶份不需轉移（圖 2-3），版型長度以腰長尺寸取腰圍線、臀圍線位置，襠圍尺寸取褲襠底位置；版型寬度以臀圍寬度尺寸為基準，製圖垂直往上延伸，畫取腰圍線與胸圍線。

2. 腰褶份尺寸★均分為 4 褶☆，前褶以 ±0.5 公分的差數調整尺寸分配畫褶：
後腰褶 d ＝☆、後脇褶 c ＝☆；前脇褶 b ＝☆－0.5、前腰褶 a ＝☆＋0.5。

3. 胸間距尺寸▲均分為3等份△，利用原型後腰褶d、後脇褶c與前脇褶b位置扣除。

4. 紅色虛線段尺寸加總為胸下圍尺寸，核對胸下圍尺寸，多餘份量▎併入胸下褶。

5. 前肩帶在 $\dfrac{小肩}{3}$ 處，後肩帶依前肩等份尺寸定位。

6. 後褲口圍度適度扣除鬆份，可以貼合臀型。

製圖

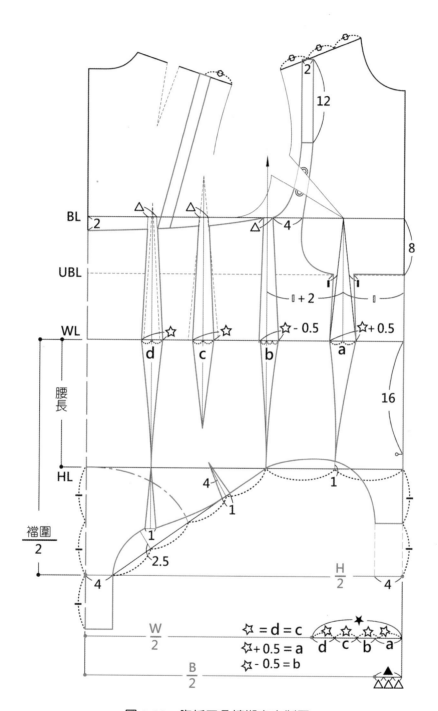

圖 9-26 胸托三角褲塑身衣製圖

分版後應核對相接縫的線條是否等長、弧度是否順暢。原型胸褶在紙型分版時做紙型合併處理，將合併處線條的角度修順。製作襠底開口須外加重疊份，內襠剪接線須做紙型合併，裁片沒有接縫線（圖9-27）。

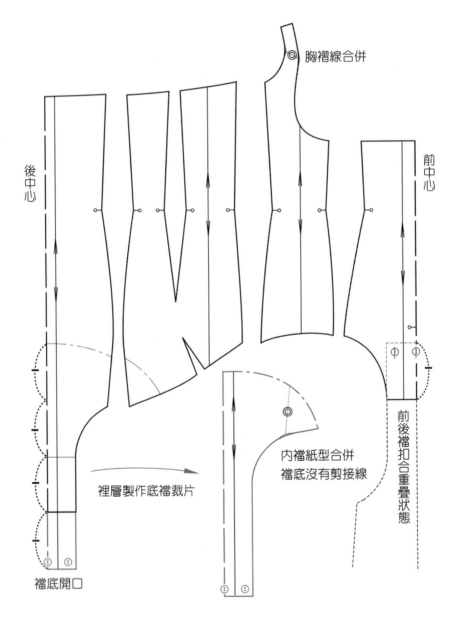

胸褶線合併

後中心

前中心

裡層製作底襠裁片

內襠紙型合併
襠底沒有剪接線

前後襠扣合重疊狀態

襠底開口

圖 9-27　胸托三角褲塑身衣紙型分版

款式三五 胸托四角褲塑身衣

　　完整包覆身軀修飾身形曲線的四角褲款連身塑身衣，襠底鏤空開襠設計，內褲穿於塑身衣之外，避免如廁時整件穿脫的困擾（圖 9-28）。前中心製作拉鍊開口，採用菱形雙層裁片。後臀部以交叉重疊份做出臀部立體，後腰部設計開洞可避免身體動作時拉扯襠長，穿著貼身，穩定性較佳。

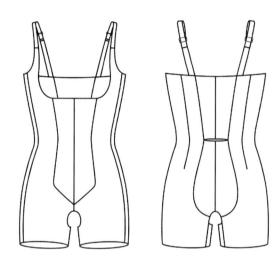

圖 9-28　胸托四角褲塑身衣

版型說明

1. 原型胸褶份不需轉移（圖 2-3），版型長度以腰長尺寸取腰圍線、臀圍線位置，襠圍尺寸取褲襠底位置；版型寬度以臀圍寬度尺寸為基準，製圖垂直往上延伸，畫取腰圍線與胸圍線。

2. 腰圍圍度扣除後中褶 1.5 公分與前中褶 0.5 公分再計算尺寸，腰褶份★均分為 4 褶☆，前褶以 ±0.5 公分的差數調整尺寸分配畫褶。

3. 胸圍圍度扣除後中褶間距▽再計算尺寸，胸間距尺寸▲均分為 2 等份△，利用原型後腰褶 d 與後脅褶 c 位置扣除。

4. 紅色虛線段尺寸加總為胸下圍尺寸，核對胸下圍尺寸，多餘份量▮併入胸下褶。

製圖

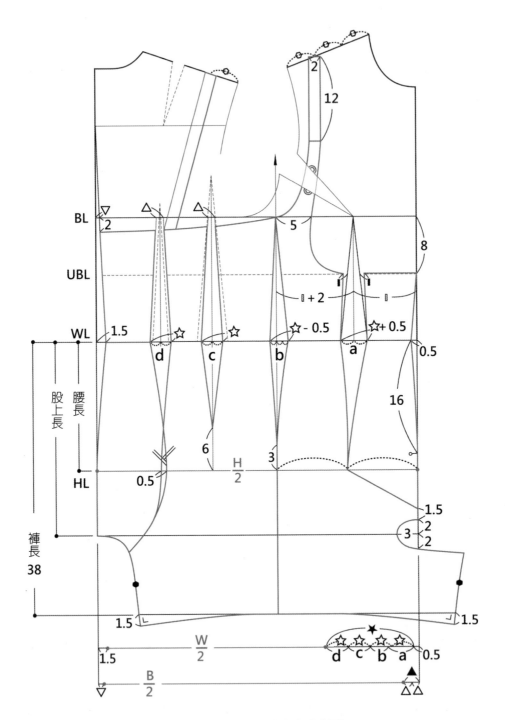

圖 9-29　胸托四角褲塑身衣製圖

分版後應核對相接縫的線條是否等長、弧度是否順暢。原型胸褶在紙型分版時做紙型合併處理,將合併處線條的角度修順。相同版型採用不同製作方式,即可變化不同的細部設計。後腰線製作開洞,分版為上下兩裁片(圖 9-30);後腰線不作開洞,分版腰線不剪接為一裁片。核對襠底鏤空開口尺寸是否適當,開口太小會造成如廁不方便,開口太大則胯下內側易形成贅肉段差。

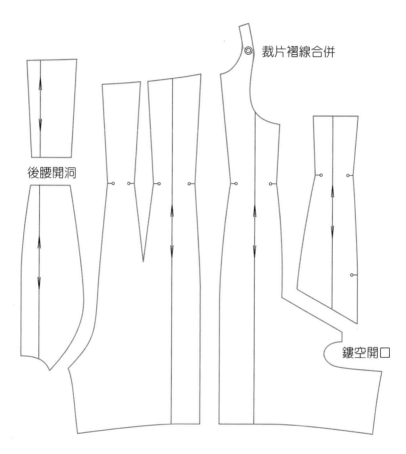

◎ 裁片褶線合併

後腰開洞

鏤空開口

圖 9-30　胸托四角褲塑身衣紙型分版

款式三六　胸罩三角褲塑身衣

　　手工訂製塑身衣常用全罩杯胸罩三角褲連身款式，採用左脇側排釦、襠底開釦的全開式作法（圖9-31）。使用無彈性平織布製作，堅固耐用，不使用胸墊、魚骨支撐，為舒適性的輔助型內衣。

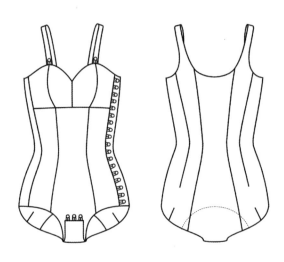

圖 9-31　胸罩三角褲塑身衣

版型說明

1. 原型胸褶轉移為腰褶（圖2-10），版型長度以腰長尺寸取腰圍線、臀圍線位置，襠圍尺寸取褲襠底位置；版型寬度以臀圍寬度尺寸為基準，製圖垂直往上延伸，畫取腰圍線與胸圍線（圖9-32）。

2. 腰褶份尺寸★均分為 4 褶☆，前褶以 ±0.5 公分的差數調整尺寸分配畫褶。

3. 胸間距尺寸▲均分為 3 等份△，利用原型後腰褶 d、後脇褶 c 與前脇褶 b 位置扣除。

4. 紅色虛線段尺寸加總為胸下圍尺寸，核對胸下圍尺寸，多餘份量█併入胸下褶。

5. 褲口弧度曲線依穿著者的臀部體態，確認褲口尺寸不會卡住胯下大腿根圍，造成穿著上的不舒適。

6. 左側與襠底全開口的製作方式，在裁片分版時需外加重疊份（圖9-33）。

製圖

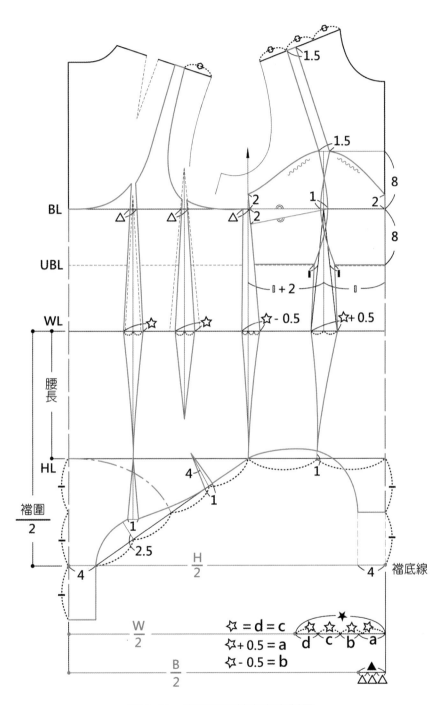

図 9-32　胸罩三角褲塑身衣製圖

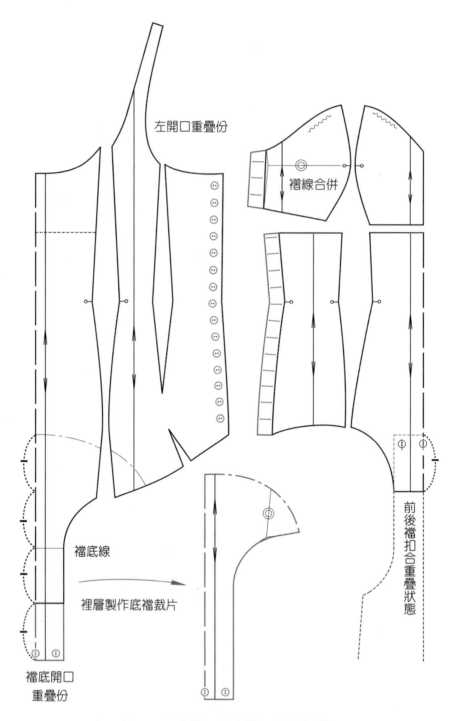

左開口重疊份

褶線合併

襠底線

裡層製作底襠裁片

前後襠扣合重疊狀態

襠底開口
重疊份

圖 9-33　胸罩三角褲塑身衣紙型分版

款式三七 胸罩四角褲塑身衣

　　成衣塑身衣常用多裁片剪接胸罩四角褲連身款式，採用前中心開口、襠底鏤空開襠的作法（圖 9-34）。使用無彈性平織布製作，堅固耐用，需強化的局部面積則使用彈性或雙層布製作，搭配胸墊、魚骨支撐，為功能性的輔助型內衣。

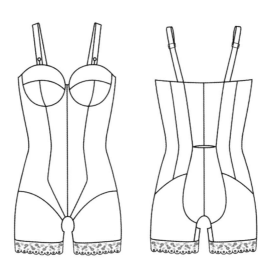

圖 9-34　胸罩四角褲塑身衣

版型說明

1. 原型胸褶轉移為肩褶（圖 2-8），版型長度以腰長尺寸取腰圍線、臀圍線位置，股上長尺寸取褲襠底位置；版型寬度以臀圍寬度尺寸為基準，製圖垂直往上延伸，畫取腰圍線與胸圍線（圖 9-35）。

2. 腰圍圍度扣除後中褶 1.5 公分與前中褶 0.5 公分再計算尺寸，腰褶份★均分為 4 褶☆，前褶以 ±0.5 公分的差數調整尺寸分配畫褶。

3. 胸圍圍度扣除後中褶間距▽再計算尺寸，胸間距尺寸▲均分為 2 等份△，利用原型後腰褶 d 與後脇褶 c 位置扣除。

4. 紅色虛線段尺寸加總為胸下圍尺寸，核對胸下圍尺寸，多餘份量▌併入胸下褶。

5. 前肩帶在 $\dfrac{小肩}{3}$ 處，後肩帶依前肩等份尺寸定位。

製圖

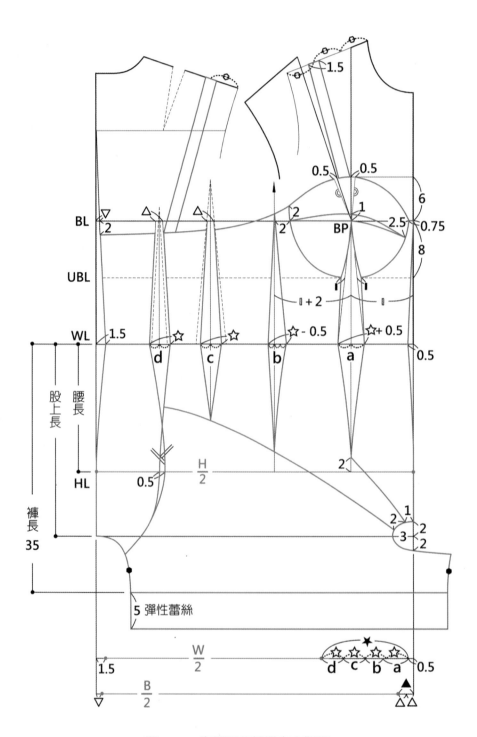

圖 9-35 胸罩四角褲塑身衣製圖

利用經紗穩定低展延有較佳的強力，褲管裁剪使用橫布可加強腿部塑型，褲口以寬版彈性蕾絲製作（圖9-36）。彈性蕾絲穿著時褲口可貼合於大腿，提升穿著的安全性與穩定性；蕾絲寬度穩定支撐褲口避免活動時褲型移位、褲管捲起的問題；蕾絲薄度具無痕效果，避免表面出現內著衣襬厚度痕跡。

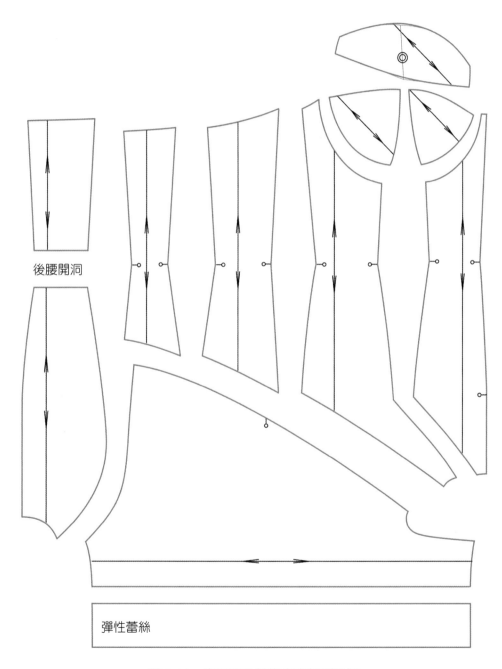

後腰開洞

彈性蕾絲

圖 9-36　胸罩四角褲塑身衣紙型分版

款式三八　胸罩變化褲塑身衣

　　結合胸罩、束腰、束腹與束褲功能的連身塑身衣款式，束褲為前片三角褲型、後片四角褲型的組合（圖9-37）。三角褲襠底接縫線偏前，穿著時容易扣合；四角褲後臀包覆面積完整，穿著時褲口貼合於大腿。

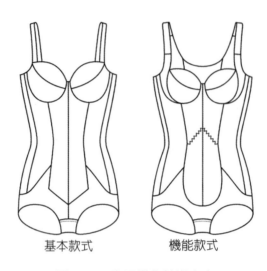

基本款式　　　　　機能款式

圖 9-37　胸罩變化褲塑身衣

版型說明

1. 原型胸褶份不需轉移（圖2-3）以臀圍寬度尺寸為版型寬度基準，製圖垂直往上延伸，畫取腰圍線與胸圍線（圖9-38）。

2. 紅色虛線段尺寸加總為胸下圍尺寸，核對胸下圍尺寸，多餘份量▌併入胸下褶。

3. 褲襠圍度適度扣除腿圍處的鬆份，可以貼合體型。

4. 多裁片剪接版型紙型分版，依據不同部位機能性需求，採用不同功能的素材與布紋方向（圖9-39）。

5. 以基本款式為原型，變化版型剪接線、增加裁片數，可強化局部結構（圖9-40）。

6. 機能款式版型設計重點：胸罩肩帶加寬、罩杯增加月牙片、腹部搭配局部加壓片、後中腰部開洞、剪接臀底拉提片、高脅側與U形背片（圖9-41）。

製圖→基本款式

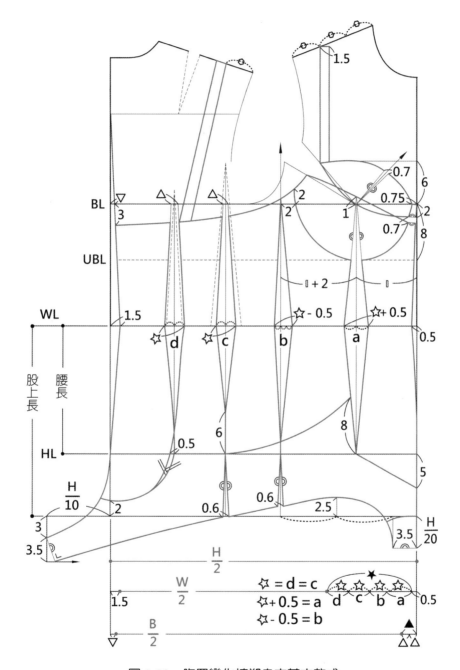

圖 9-38　胸罩變化褲塑身衣基本款式

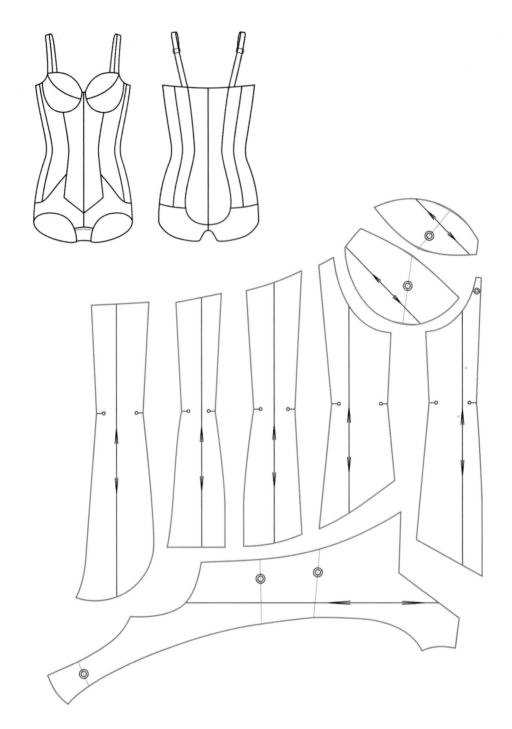

圖 9-39　胸罩變化褲塑身衣基本款紙型分版

製圖→機能款式

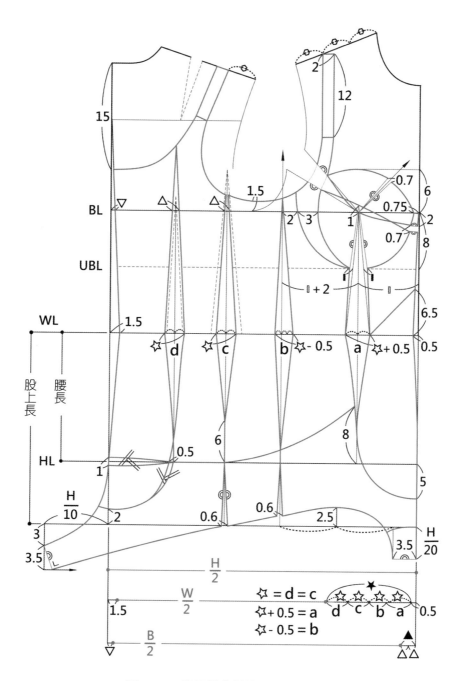

圖 9-40　胸罩變化褲塑身衣機能款式

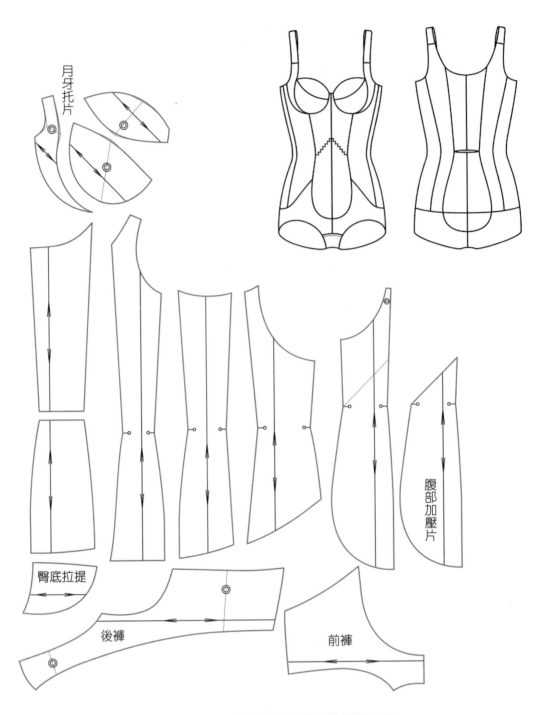

月牙托片

腹部加壓片

臀底拉提

後褲

前褲

圖 9-41　胸罩變化褲塑身衣機能款紙型分版

款式三九　全合一機能型塑身衣

　　「機能型塑身衣」提供身軀基本的支撐與保護，強調體型調整、身體贅肉穩固
需求的實用功能性（圖 9-42）。

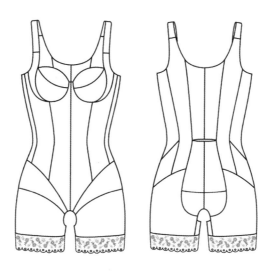

圖 9-42　全合一機能型塑身衣

版型設計

1. 胸部：罩杯月牙托片將乳房向上推高，聚攏側邊副乳，做出集中托高效果。

2. 脇側：上身脇邊線從 BL 往上提高，加強脇側腋下脂肪的包覆。

3. 肩膀：加寬肩帶寬度為 1.5 公分以上，減輕肩膀支撐胸部時的壓力。

4. 腹部：前中多層加壓裁片，平整腹部脂肪，增強縮腹效果。

5. 後腰：剪接腰線製作開洞，調整穿著活動時的穩定性。

6. 後臀：臀底拉提片將臀部向上推高，增加立體曲度，做出翹臀效果。

7. 背部：X形防駝片固定穿著挺直姿態，U形背片大面積包覆背肉，修整背部線條。

8. 大腿：局部雙層加壓裁片，平整大腿脂肪，增強緊實效果。

9. 褲口：以寬版彈性蕾絲製作，貼合於大腿，做出無痕效果。

製圖

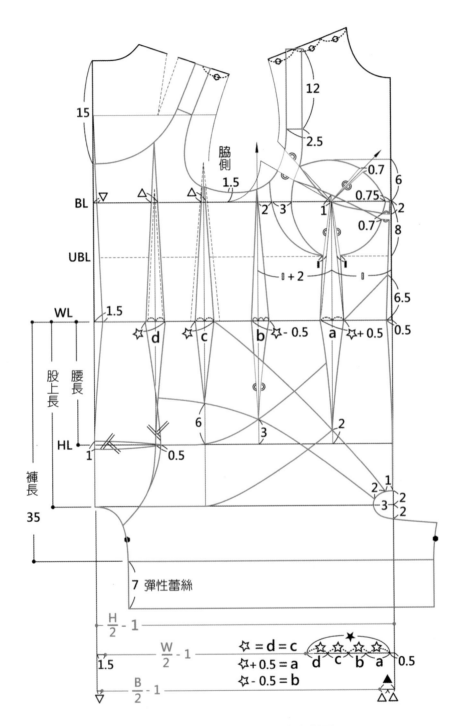

圖 9-43　全合一機能型塑身衣製圖

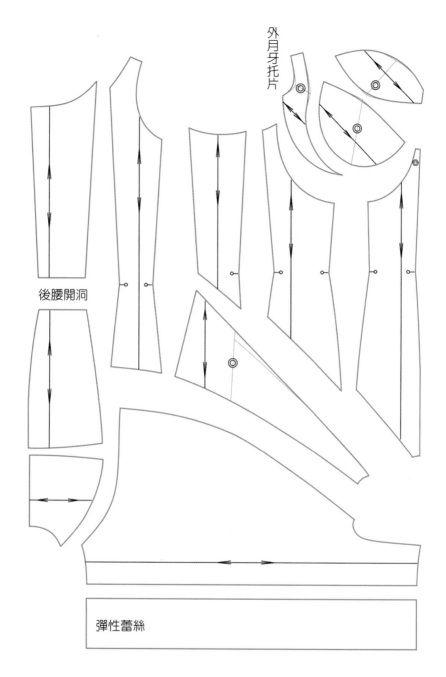

外月牙托片

後腰開洞

彈性蕾絲

圖 9-44　全合一機能型塑身衣紙型分版

機能型塑身衣版型設計，依據不同部位機能性需求進行局部結構強化（圖9-43）。製作裡層版型分版時，以表層版型為基礎（圖9-44），裡層版型裁片以無剪接線與褶線為原則，剪接線與褶份依需求先做紙型合併處理。左右不對稱的X形防駝背片，需描繪出完整後裁片才能製圖（圖9-45）。

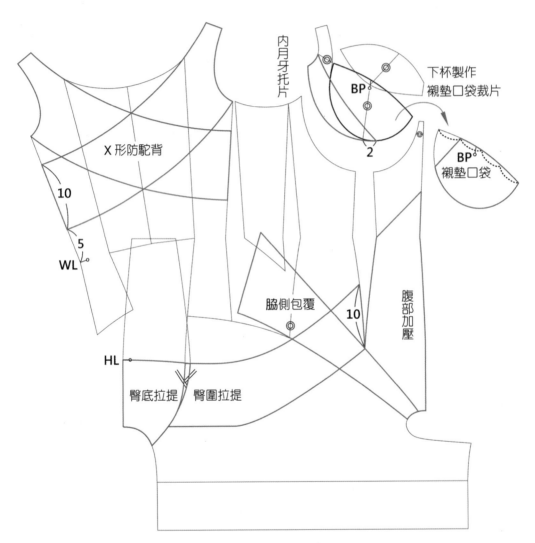

圖 9-45　全合一機能型塑身衣裡層分版

10

襯衣版型設計

「襯衣」穿在外著與胸罩之間，隔離外著與身體，可吸附身體分泌的汗液，保護外著布料預防黃化。使用滑順性佳、防靜電材質，提升外著穿脫方便性與舒適度，亦常用觸感柔軟、布質輕量的絲或紗，避免薄材質的外著透光，也不會顯出內衣褲痕跡，實用功能與服裝內裡相同。

款式四十　襯裙

襯裙長度比外著裙長度短 3～5 公分，避免外著透光顯出內外裙長段差，變化設計可在襬圍車縫蕾絲外露（圖 10-1）。因應人體走路活動的需求，裙襬圍度尺寸須能應付步行時跨步距離，裙長過膝時需增加襬圍尺寸，做開衩或加入活褶設計。

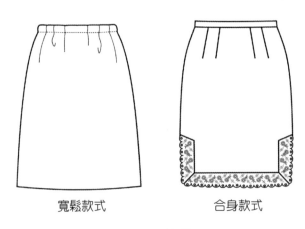

寬鬆款式　　　　　　　合身款式

圖 10-1　襯裙

版型說明

1. 寬鬆款式（圖 10-2）：採用鬆緊帶製作為直接套穿方式，穿著時裙子的腰圍必須能拉過身體臀圍。直襬型腰部鬆份加最少量，不容易套穿，但外觀較平整；斜襬型鬆份加多，容易穿著，外觀會呈現出寬鬆的縐褶，過多的縐褶量會增加腰腹厚度。

2. 合身款式（圖 10-3）：合身腰圍尺寸穿著時無法拉過臀部，必須製作開口增加腰圍尺寸，並採用避免增加腰腹厚度的製作方式。

製圖→寬鬆款式

1. 製圖腰線取臀圍尺寸加上鬆份，能拉過身體臀圍最少鬆份量為 2 公分。製圖臀線取臀圍尺寸加上鬆份，活動需求最少鬆份量為 4 公分。

2. 腰線寬度與臀線寬度連線延伸為裙斜，腰臀差 (H-W) 越大、裙脇越斜，襬圍越大。

3. 採製圖簡易方式，可設定腰線寬度與襬圍寬度，在布上直接畫出梯形裁片，不用另作紙型。

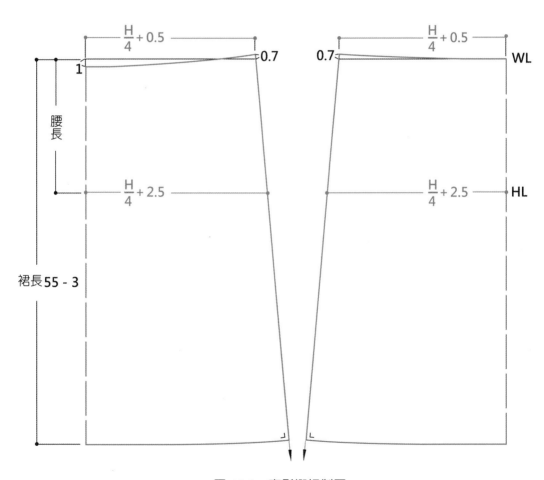

圖 10-2　寬鬆襯裙製圖

製圖→合身款式

1. 製圖腰線計算腰臀差 (H-W) 取尖褶份，先畫出裙子的輪廓線後，再以腰圍公式倒推出褶份量。褶份的寬窄與長短應視體型取決，身體腹部凸面高於臀部凸面，腰褶的長度為前短後長。

2. 製圖臀線取臀圍尺寸加上鬆份，坐蹲活動需求的最少鬆份量為 4 公分。

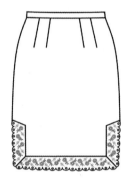

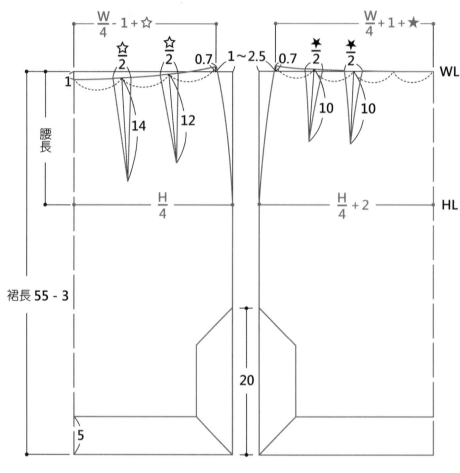

圖 10-3　合身襯裙製圖

款式四一　裙撐

　　「裙撐」在襯裙上車縫網紗或硬質布料，撐出裙子的份量感與造型輪廓（圖 10-4）。裙撐的層次高度依外著設計需求決定，由腰往襬逐漸加寬，下層裁片寬於上層裁片。裙撐的層次寬度以縮縫抽縐細褶方式製作，縮縫細褶份量根據布料厚薄程度決定，布料越厚，縮縫細褶份越少；布料越薄，縮縫細褶份越多。標準款式以上層裁片長的黃金比例 1.6 倍計算下層裁片長尺寸為參考，薄料子取 2～2.5 倍，紗類材質可取 3 倍。

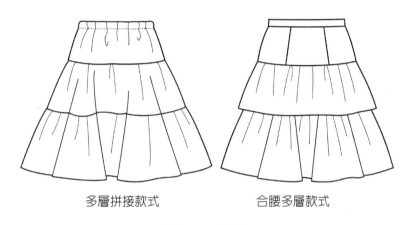

多層拼接款式　　　　　合腰多層款式

圖 10-4　裙撐

版型說明

1. 採簡易製圖方式，計算出裁片長度、直接在布上裁剪出長方裁片，不需另作紙型。

2. 多層拼接款式（圖 10-5）：基底襯裙為腰圍寬鬆，穿著腰腹有澎褶的款式，以鬆緊帶製作，應避免加過多的褶份量增加厚度。裙撐的每一層次上下相接縫合不重疊，外觀較平整。

3. 合腰多層款式（圖 10-6）：基底襯裙為腰圍合身，穿著腰腹平坦的款式，合身腰圍尺寸無法拉過臀部，必須製作開口增加腰圍尺寸。裙撐的每一層次上下分離且部分重疊，可撐出明顯造型，搭配軟材質外著要避免外觀出現視覺段差。

製圖→多層拼接款式

1. 襯裙採用寬鬆襯裙（圖 10-2），依裙長比例取 a 層為底層襯裙，寬度算式＝（$\dfrac{H92}{4}$ ＋鬆份 0.5）。

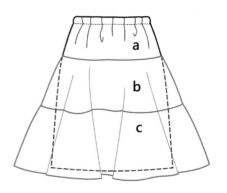

2. 裙撐 b 層設定高度 16 公分；寬度縮縫細褶份以 2 倍計算，算式為以 a 層車縫裙撐位置寬度★×2＝☆。

3. 裙撐 c 層設定高度 24 公分；寬度縮縫細褶份算式＝b 層下緣寬度☆×2。

4. 寬度以此計算方式類推，可往下再加層次延伸裙長。

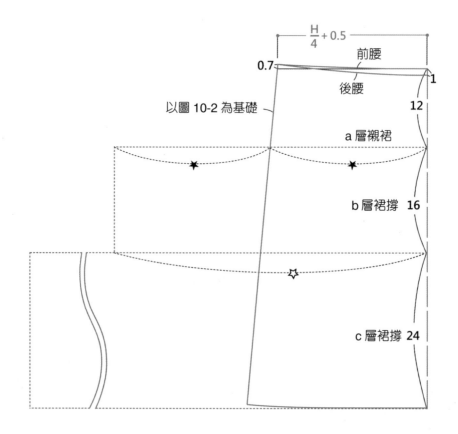

圖 10-5　多層拼接裙撐製圖

製圖→合腰多層款式

1. 襯裙參考合身襯裙（圖 10-3），依裙長比例取

   a 層為底層襯裙，寬度算式＝（$\frac{W64}{4}$＋腰褶份

   3）。

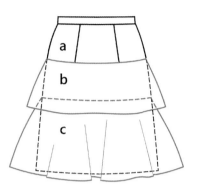

2. 裙撐 b 層設定高度 16 公分：寬度縮縫細褶份
   以 2 倍計算，算式為以 a 層車縫裙撐位置寬度
   ★×2＝☆。

3. 裙撐 c 層設定高度 29 公分：寬度縮縫細褶份算式＝ b 層下緣寬度☆ ×2。

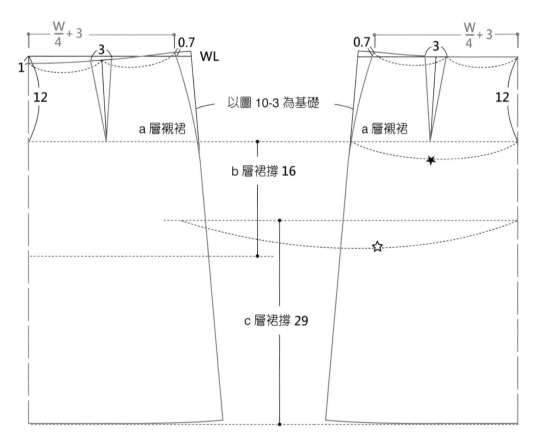

圖 10-6　合腰多層裙撐製圖

款式四二　襯褲

　　襯褲為褲腳寬大褲型，可作為家居褲、休閒褲、海灘褲（圖10-7）。褲型簡單，直接套用設定尺寸的簡易製圖版型，製圖相對容易。採簡易製圖法直接給予固定細部尺寸，固定尺寸無法適用於各種體型，打版時應確實了解版型的鬆份與每個尺寸對照成品尺寸的影響。例如：臀圍鬆份加最少量，外觀較平整，但不容易套穿；臀圍鬆份加多、腰部褶份量增多，會增加腰腹厚度。

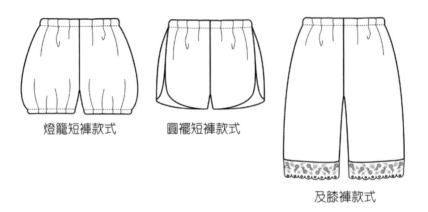

燈籠短褲款式　　　圓襠短褲款式

及膝褲款式

圖 10-7　襯褲

版型說明

1. 製圖尺寸依照不同的體型比例做改變，臀圍鬆份設定 8 公分，依穿著習慣再增減。後中心傾倒份 3 公分、後腰提高 3 公分，可核對量身的襠圍尺寸調整。

2. 短褲款式（圖10-8）：沒有外脇接縫線的二片結構版型，褲口尺寸取脇邊垂直線，與股上線寬度相同。相同的版型採用不同的材質或製作方式，可呈現不同的設計樣式，例如使用蕾絲花邊布做褲口，或褲口穿入鬆緊帶，即為燈籠褲。

3. 圓襠款式（圖10-9）：為四片結構版型，臀圍取前後差將脇邊接縫線前移。

4. 及膝款式（圖10-10）：為四片結構版型，褲口依大腿輪廓收窄，尺寸後片大於前片。襯褲變化設計可在襬圍車縫蕾絲或花邊緣飾，褲長包含蕾絲寬度。褲長度比外著衣長短 3～5 公分，襬圍車縫蕾絲若要外露，褲長度與外著衣長同長。

製圖→短褲款式

蕾絲花邊褲口　　　　　鬆緊帶褲口

使用相同版型

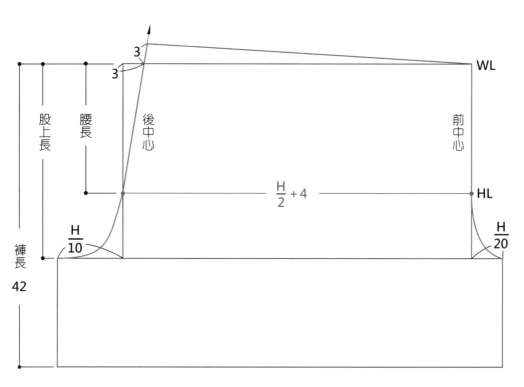

圖 10-8　短襯褲製圖

製圖→圓襬短褲款式

以基本款式的襯褲版型為原型（圖 10-8），可快速改變版型，成為輪廓架構相同、不同細部設計的款式。例如：將沒有外脇接縫線的二片結構，畫出脇線成為四片結構，延伸褲長為及膝褲或全長褲；改變脇側剪接線與褲口線細部尺寸，將後脇線前移成為紅色虛線，就成為與前片交疊的樣式（圖 10-9）。

基本款式　　　　　　　前片交疊款式

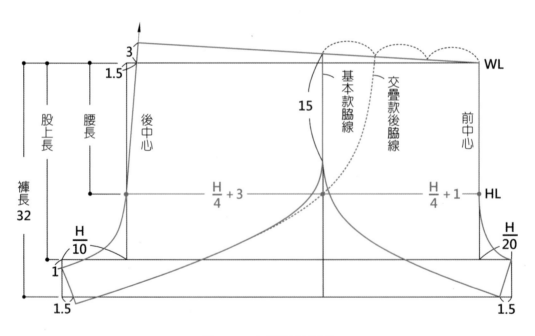

圖 10-9　圓襬短褲製圖

製圖→及膝褲款式

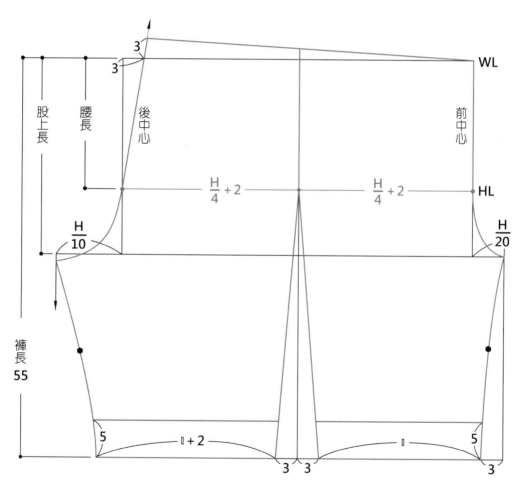

圖 10-10　及膝襯褲製圖

款式四三　法式蕾絲襯褲

法式內褲設計強調輕柔舒適、情趣性感，使用具透視效果的蕾絲或薄紗製作，褲襬呈現波浪褶線的寬鬆褲型，可作為睡褲、家居褲（圖10-11）。

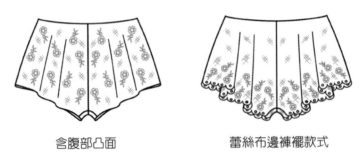

含腹部凸面　　　　　　　蕾絲布邊褲襬款式

圖 10-11　法式蕾絲襯褲

製圖

外脇沒有接縫線的二片結構版型，製圖臀圍寬度均分等份後做切展線，將紙型展開增加襬圍的寬度，裙襬會呈現垂墜波浪（圖10-12）。臀圍鬆份設定8公分，紙型展開後臀圍鬆份會再增加。後中心傾倒份2.5公分、後腰提高1.5公分，可核對量身的襠圍尺寸調整。

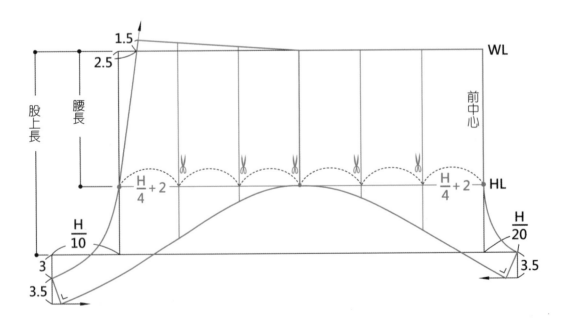

圖 10-12　法式蕾絲襯褲製圖

版型設計

紙型切展線數量與垂墜波浪褶數相同；展開份量與垂墜波浪寬成正比。切展五條線、裙襬圍度增加 15 公分為預設值，切展線數量與展開份量，可依款式設計改變（圖 10-13）。

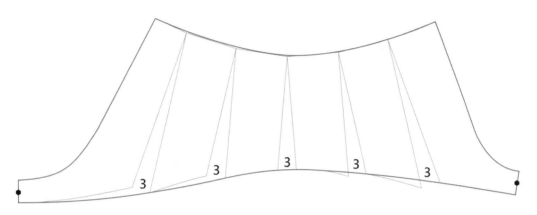

以蕾絲布邊為褲襬，既可強化裝飾性，又可省略收邊處理工序。紙型切展不用設定展開份量，將褲襬完成線展開為直線，採橫布製作。

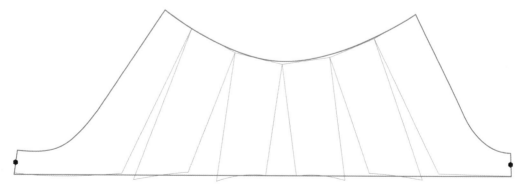

圖 10-13　褲襬切展版型設計

款式四四　肚兜

　　「肚兜」為傳統中式貼身襯衣，與西式服飾「Napkin top」相似，設計強調前身的遮掩，以菱形或扇形布片圍裹胸部到腹部，布片端點車縫細帶於後頸與後腰繫結綁束固定。

　　中式服裝為平面結構，衣服以寬大的鬆份量包容活動上的需求，穿著時衣服與身體會產生空隙和垂墜紋。將原型套入肚兜版型，可看出胸褶與腰褶皆包含於內，穿著時胸部撐起，褶份量成為衣襬的垂墜份（圖 10-14）。

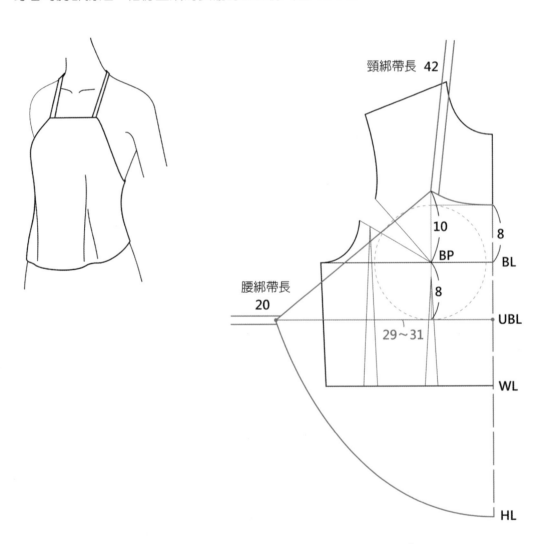

圖 10-14　肚兜平面結構

西式服裝為立體結構，合身襯衣依照體型曲線車縫褶子、去除布料多餘墜份，穿著時衣服與身體貼合平整。寬鬆襯衣不車縫褶子，就須如同中式服裝加入足夠的鬆份量，穿著外觀有垂墜份。

　　平面的肚兜版型套入原型畫褶，將原型胸褶與腰褶取弧線相連以公主線剪接方式製作，就能呈現前身的曲線成為立體版型。原型胸褶份不需轉移（圖 2-3），腰褶份量集中於胸下，胸褶剪接線與 BP 之間有差距，褶線形態較貼合乳房曲面的渾圓度（圖 10-15）。

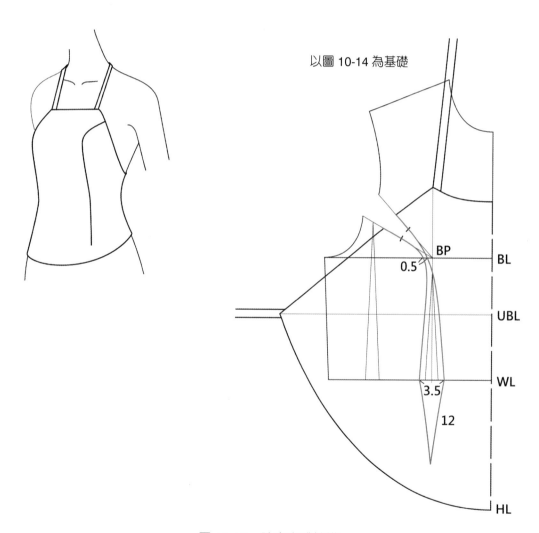

圖 10-15　肚兜立體結構

款式四五　背心式襯衣

　　不強調腰身的直筒輪廓，領口線取深 V 形或深 U 形，寬肩帶的簡潔背心樣式，多用彈性針織料製作，可作為内搭衣、家居服（圖 10-16）。

上衣款式

連身裙款式

圖 10-16　背心式襯衣

版型說明

1. 大領口襯衣的前領圍線尺寸向下挖深拉長，後領圍線接近肩胛骨凸面、領圍容易出現不服貼的鬆度。打版時須考慮領圍鬆量的修正與扣除，穩定領圍線。利用肩線前移，將後肩提高、前肩降低，調整前後領口寬大於前領口寬。

2. 上衣款式（圖 10-17）：原型胸褶轉移為脇褶（圖 2-9），計算三圍尺寸取版型寬度。直接套穿的款式，穿著時衣服的腰圍必須拉過肩膀與胸圍，因此製圖的腰線以胸圍尺寸計算。

3. 連身裙款式（圖 10-18）：原型胸褶份不需轉移（圖 2-3），打版扣除原型所含的部分胸圍鬆份量取版型寬度。

製圖→上衣款式

1. 胸圍算式 = ($\frac{B84}{4}$ + 鬆份 1.5 ± 前後差 1)，胸圍鬆份 6 公分，前後差 4 公分。

2. 腰圍算式 = ($\frac{B84}{4}$ + 鬆份 1 ± 前後差 1)，比胸圍圍度少 2 公分，微縮腰身。

3. 臀圍算式 = ($\frac{H92}{4}$ + 鬆份 1.5 ± 前後差 1)，臀圍鬆份 6 公分，前後差 4 公分。

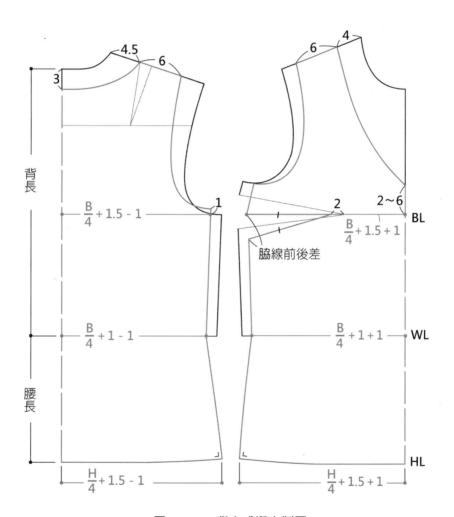

圖 10-17　背心式襯衣製圖

製圖→連身裙款式

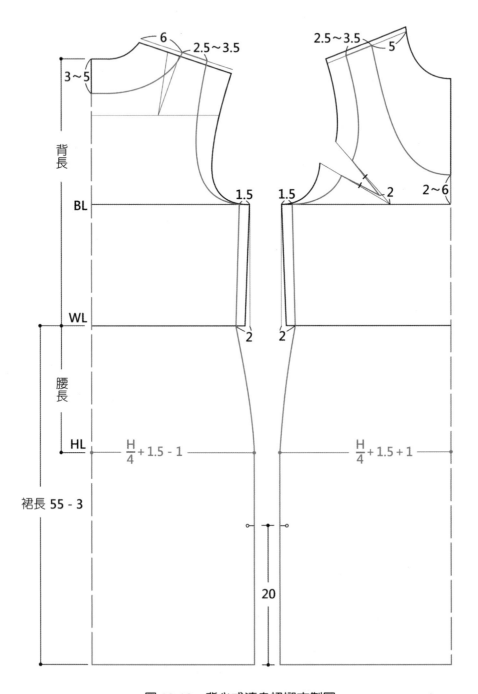

圖 10-18　背心式連身裙襯衣製圖

款式四六　細肩帶襯衣

　　不強調腰身的 A 襬輪廓，領口線取平口領或桃心領，細肩帶的簡潔背心樣式，多用觸感滑順的絲、緞製作，可作為內搭衣、家居服（圖 10-19）。

上衣款式

連身裙款式

圖 10-19　細肩帶襯衣

版型說明

1. 細肩帶襯衣領口線較低，上胸圍為領口線參考位置。直接套穿款式穿著時從胸圍套穿，衣服的腰圍必須拉過肩膀與胸圍，製圖腰線以胸圍尺寸計算。

2. 衣長以量身臀圍尺寸繪出完整的版型後，再依照設定的衣長畫取襬圍線，腹部的鬆份量才會足夠。裙襬做斜向展開、增加裙襬寬度，能因應走路步伐寬度的需求。

3. 上衣款式（圖 10-20）：原型胸褶轉移為脇褶（圖 2-9），前後身片脇邊為相接縫合的線，要維持線段等長，兩線段的「前後差」以車縫脇褶處理。

4. 連身裙款式（圖 10-21）：原型胸褶份轉移為肩褶（圖 2-8），三圍尺寸算式與上衣款式（圖 10-20）相同。襯衣不車縫褶子，與身體之間會產生空隙，穿著時外觀腰線不貼身。

製圖→上衣款式

1. 胸圍算式 = $(\dfrac{B}{4} + 鬆份 1.5 \pm 前後差 1)$；

   簡化算式後片 = $(\dfrac{B}{4} + 0.5)$、前片 = $(\dfrac{B}{4} + 2.5)$。

2. 腰圍算式 = $(\dfrac{B}{4} + 鬆份 1 \pm 前後差 1)$；簡化算式後片 = $(\dfrac{B}{4})$、前片 = $(\dfrac{B}{4} + 2)$。

3. 臀圍算式 = $(\dfrac{H}{4} + 鬆份 1.5 \pm 前後差 1)$；

   簡化算式後片 = $(\dfrac{H}{4} + 0.5)$、前片 = $(\dfrac{H}{4} + 2.5)$。

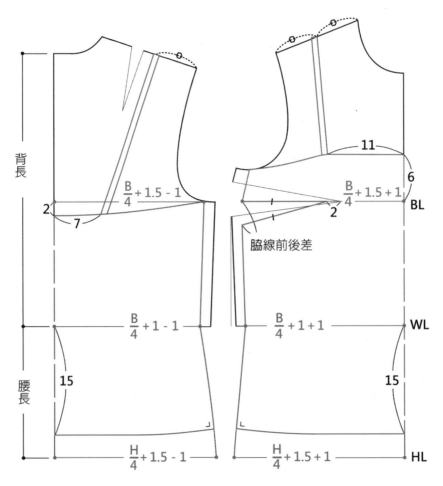

圖 10-20　細肩帶襯衣製圖

製圖→連身裙款式

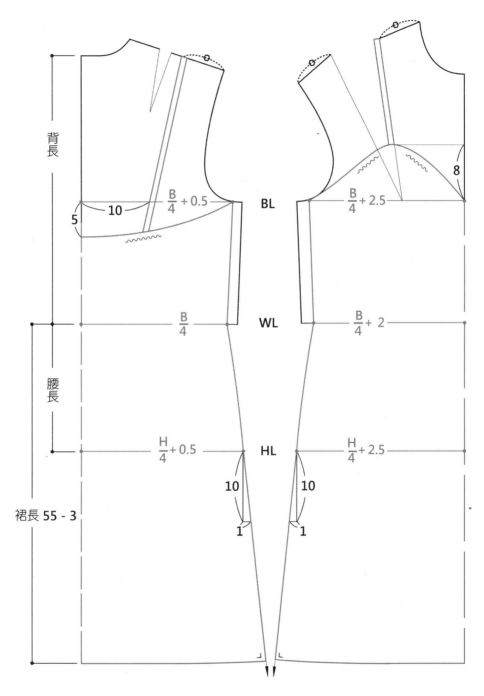

背長

$\frac{B}{4} + 0.5$ — BL — $\frac{B}{4} + 2.5$

10

5

8

$\frac{B}{4}$ — WL — $\frac{B}{4} + 2$

腰長

$\frac{H}{4} + 0.5$ — HL — $\frac{H}{4} + 2.5$

10　10

1　1

裙長 55 - 3

圖 10-21　細肩帶連身裙襯衣製圖

款式四七　法式蕾絲襯衣

　　法式襯衣穿著追求舒適感，襯衣之內不穿胸罩、呈現自然身形，款式設計強調輕柔、情趣性感，多用具透視效果的蕾絲薄紗製作，穿著時常搭配丁字褲、法式襯褲成套，可作為睡衣、家居服單穿（圖 10-22）。

基本款式

蕾絲布邊衣襬款式

圖 10-22　法式蕾絲襯衣

製圖

原型胸褶份轉移為肩褶（圖2-8），胸圍鬆份僅4公分，臀圍鬆份設定6公分，紙型展開後臀圍鬆份會再增加，衣襬圍度預設值展開量（圖10-23）。相同的版型採用不同紙型切展方式，可呈現不同的樣式，切展線數量與展開份量，可依款式設計改變。

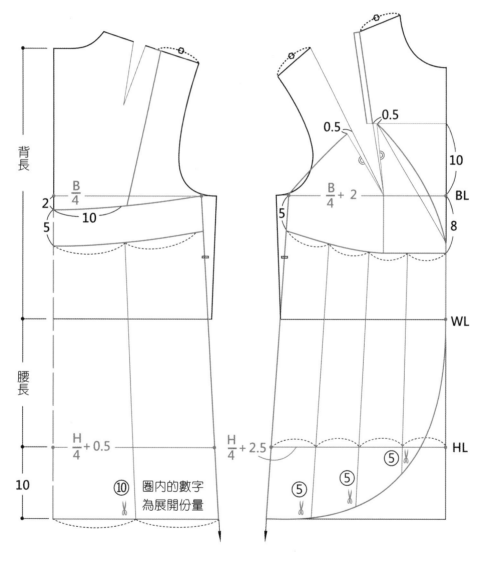

圖 10-23　法式蕾絲襯衣製圖

版型設計

版型切展只增加裙襬圍度為波浪造型，展開份量與垂墜波浪寬成正比（圖 10-24）。

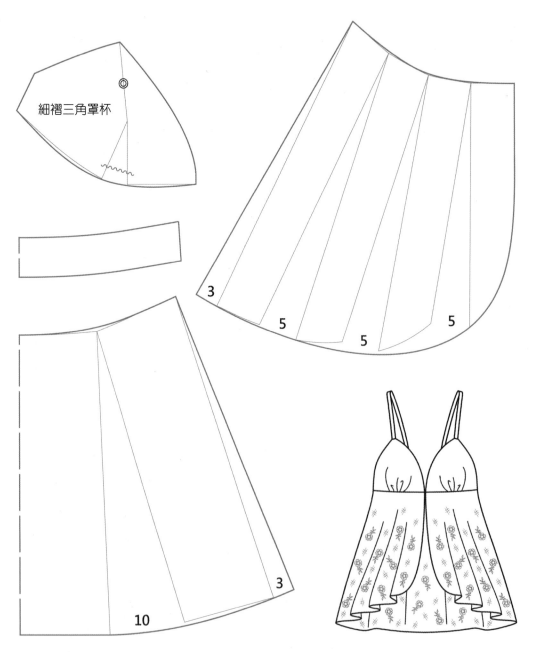

圖 10-24　版型扇形切展

版型切展增加平行寬度為直向活褶造型，採蕾絲布邊為衣襬橫布製作（圖 10-25）。

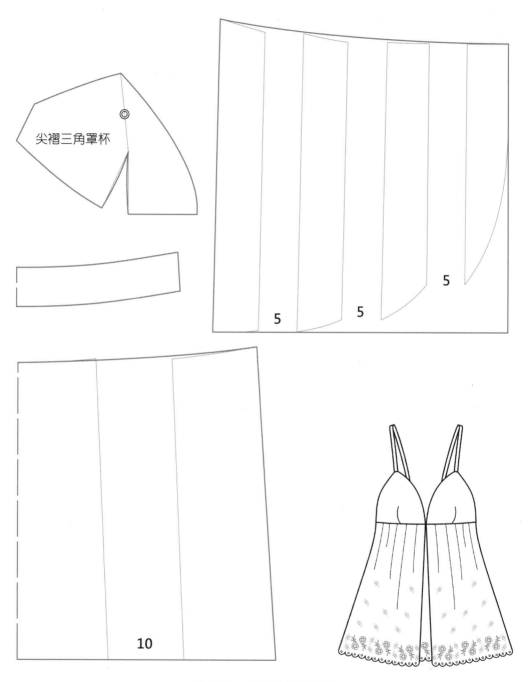

尖褶三角罩杯

5

5

5

10

圖 10-25　版型水平切展

款式四八　露背式連身襯裙

　　為三角形罩杯、細肩帶、深Ｕ形露背線、腰身略收的Ａ襯輪廓連身襯裙，搭配露背服裝展現背部線條（圖 10-26）。使用觸感滑順的絲、緞製作，可避免柔軟材質的禮服表面出現內襯衣厚度痕跡。

圖 10-26　露背式連身襯裙

版型說明

1. 直接套穿襯衣穿著時從胸圍套穿，應核對衣服腰線尺寸是否能拉過肩膀與胸圍，尺寸不足時須以材質拉伸彈性輔助，例如採用斜裁或彈性料。

2. 原型胸褶份轉移為肩褶（圖 2-8），胸圍鬆份僅 4 公分，臀圍鬆份設定 6 公分，前後差 4 公分（圖 10-27）。

3. 罩杯與前身片為相接縫合的線，搭配的罩杯款式只要維持線段等長，罩杯款式可組合搭配變換細部設計，例如細褶款式、尖褶款式（圖 6-1）。

4. 腰臀連線延伸裙襬做斜向展開、增加裙襬寬度，能因應走路步伐寬度的需求。

製圖

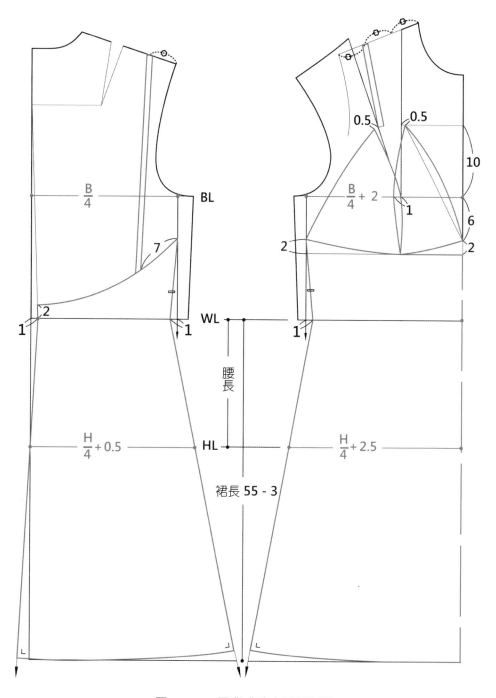

圖 10-27　露背式連身襯裙製圖

布紋採用易拉伸變形的斜向正斜布紋，可給予拉伸性貼身包覆與穿著活動的彈性空間（圖10-28）。

圖10-28　露背式連身襯裙紙型分版

款式四九　胸罩式連身襯裙

　　結合胸罩與襯裙功能的連身襯裙款式，車縫腰褶做出腰身的 A 襬輪廓二片結構
版型（圖 10-29）。

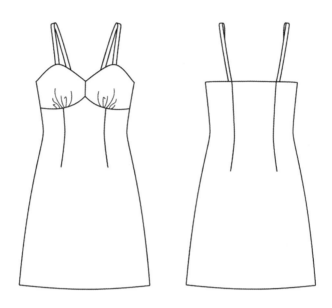

圖 10-29　胸罩式連身襯裙

版型說明

1. 直接套穿襯衣穿著時從胸圍套穿，應核對衣服腰線尺寸是否能拉過肩膀與胸
   圍，尺寸不足時須以材質拉伸彈性輔助，或製作脇側開口。

2. 原型胸褶轉移為脇褶（圖 2-9），胸圍鬆份 6 公分，臀圍鬆份設定 6 公分，前後
   差 4 公分（圖 10-30）。

3. 前後身片脇邊為相接縫合的線，要維持線段等長，製圖時將兩線段的「前後差」
   以紙型合併處理，紙型合併後要修順弧度（圖 10-31）。

4. 腰褶寬設定 2 公分，腰圍縮腰 8 公分，縮腰份量越多，越不易套穿。不強調腰
   身則不需車縫腰褶，套穿容易、機能性較佳（圖 10-21）。

製圖

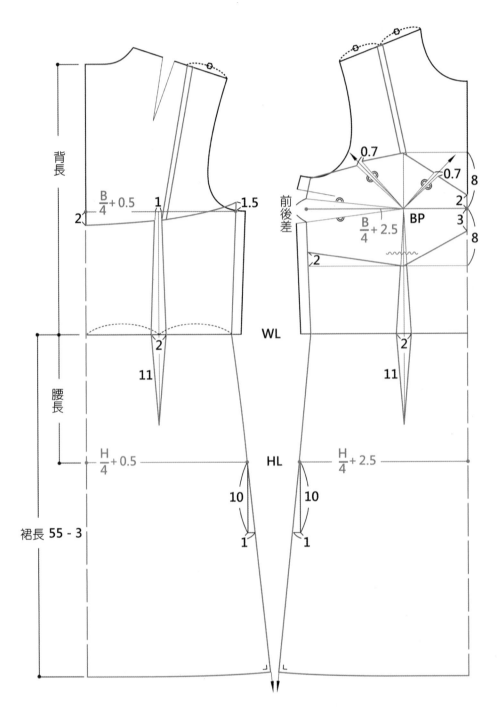

背長

$\frac{B}{4}+0.5$ 1   1.5

2

0.7

0.7

8

前後差

$\frac{B}{4}+2.5$ BP   2

3

8

2

WL

2   2

11   11

腰長

$\frac{H}{4}+0.5$ HL $\frac{H}{4}+2.5$

10   10

裙長 55 - 3

1   1

圖 10-30　胸罩式連身襯裙製圖

紙型分版依據不同部位需求，採用不同功能的素材與布紋方向。使用平織布裁片布紋採用斜裁，利用正斜布紋的拉伸彈性增加穿著舒適性。使用針織料可提升穿著的舒適度，裁片布紋採用直裁，有彈性的針織料於臀圍處不需加鬆份。

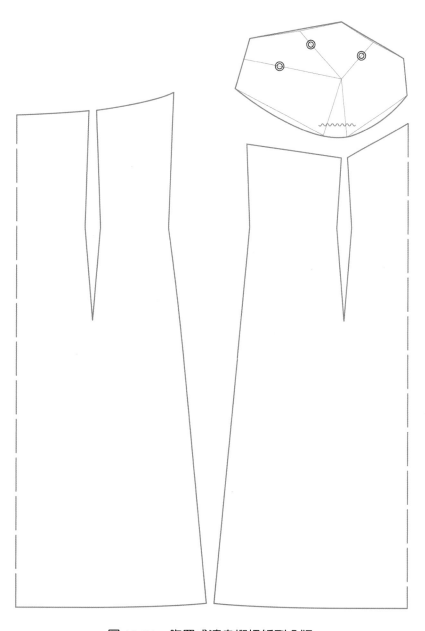

圖 10-31　胸罩式連身襯裙紙型分版

款式五十　裙撐式連身襯裙

　　結合胸罩、襯裙與裙撐功能的連身襯裙款式，以公主剪接線收腰、做出寬襬的三片結構款式版型（圖 10-32）。為重量與細節最多的功能型襯衣，加寬肩帶寬度為 1.5 公分以上，減低肩膀壓力。

圖 10-32　裙撐式連身襯裙

版型說明

1. 直接套穿襯衣穿著時從胸圍套穿，應核對衣服腰線尺寸是否能拉過肩膀與胸圍，尺寸不足時須以材質拉伸彈性輔助，或製作脇側開口。

2. 原型胸褶轉移為脇褶（圖 2-9），設定胸圍鬆份 6 公分，臀圍鬆份 6 公分（圖 10-33）。

3. 前後身片脇邊為相接縫合的線，要維持線段等長，製圖時將兩脇線段的「前後差」以紙型合併處理，紙型合併後要修順弧度（圖 10-34）。

4. 脇側腰臀連線延伸裙襬斜向展開，剪接腰襬連線增加整圈襬寬 3×8 ＝ 24 公分。

5. 裙撐設定高度 15 公分：寬度縮縫細褶份以 2 倍計算，整圈算式為★×8 ＝☆。

製圖

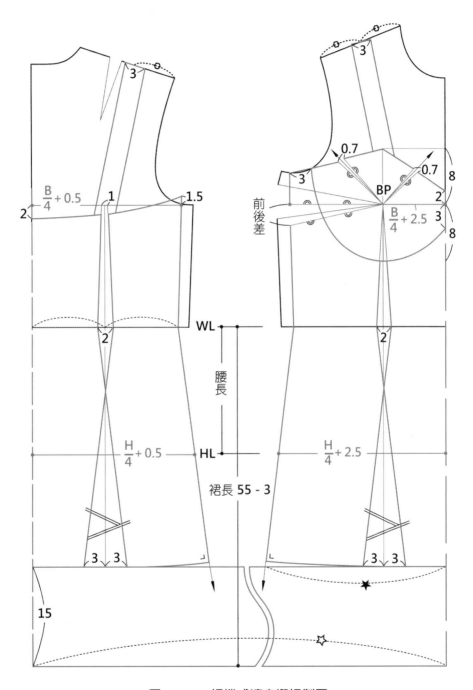

圖 10-33　裙撐式連身襯裙製圖

罩杯裁片布紋採用易拉伸變形的正斜布紋，有較佳的包覆性與彈性空間，裙裁片採用強力佳、低展延的經向直布紋，可穩定裙襬輪廓型裙。裙撐裁片為長方形，可直接照尺寸畫於布上，不用另作紙型，依布幅寬度與長度考量採用直布紋或橫布紋。

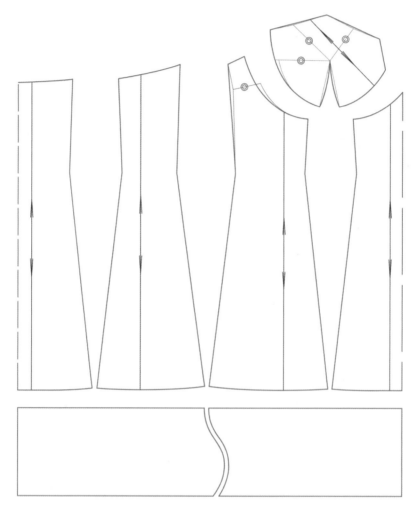

圖 10-34　裙撐式連身襯裙紙型分版

參考書目

三吉滿智子(2000)，《服裝造型學理論篇Ⅰ》，東京：文化出版局。

文化學園大學ファッションクリエイション學科編(2018)，《ファッション造形學講座⑩特殊素材Ⅱ透ける素材／フォーマル素材》，東京：文化出版局。

王阿珠(2009)，《愛麗縫紉全書：胸罩的研究》，台北：志中出版社。

印建榮(2006)，《內衣結構設計教程》，北京：中國紡織出版社。

安東尼歐‧唐納諾(2020)，《服裝打版製作實務第二冊》，台北：龍溪圖書。

近藤吹子(1962)，《如何做內衣》，東京：文化出版局。

帕梅拉‧鮑威爾(2021)，《國際內衣設計製版與工藝》，上海：東華大學出版社。

柴麗芳、許春梅(2013)，《內衣結構設計與紙樣》，上海：東華大學出版社。

夏士敏(2018)，《一點就通的褲裙版型筆記》，台北：五南圖書。

夏士敏(2021)，《一點就通的服裝版型筆記》，台北：五南圖書。

輔仁大學織品服裝學系編(1985)，《圖解服飾辭典》，台北：輔仁大學出版社。

熊能(2007)，《世界經典服裝設計與紙樣④女裝篇（下集）》，南昌：江西美術出版。

蘆田美和(2006)，《プロ‧デザイナーのための女性下着概要：知識と技術》，東京：蘆田美和出版。

筆記欄

筆記欄

筆記欄

筆記欄

國家圖書館出版品預行編目資料

內衣版型私房筆記／夏士敏著. －－初版. －－
臺北市：五南圖書出版股份有限公司，
2024.04
面；　公分
ISBN 978-626-366-987-1 (平裝)

1.CST: 服裝設計 2.CST: 內衣

423.41　　　　　　　　　113000272

1Y2L

內衣版型私房筆記

作　　　者 —	夏士敏
責任編輯 —	唐　筠
文字校對 —	許馨尹、黃志誠
封面設計 —	姚孝慈
發 行 人 —	楊榮川
總 經 理 —	楊士清
總 編 輯 —	楊秀麗
副總編輯 —	張毓芬
出 版 者 —	五南圖書出版股份有限公司

地　　　址：106台北市大安區和平東路二段339號4樓

電　　　話：(02)2705-5066　　傳　　真：(02)2706-6100

網　　　址：https://www.wunan.com.tw

電子郵件：wunan@wunan.com.tw

劃撥帳號：01068953

戶　　　名：五南圖書出版股份有限公司

法律顧問　林勝安律師

出版日期　2024年4月初版一刷

定　　　價　新臺幣600元

經典永恆・名著常在

五十週年的獻禮——經典名著文庫

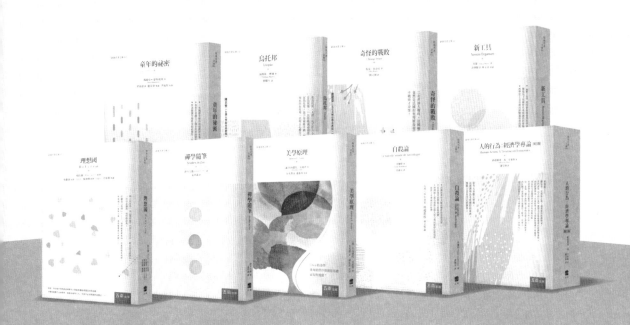

五南，五十年了，半個世紀，人生旅程的一大半，走過來了。

思索著，邁向百年的未來歷程，能為知識界、文化學術界作些什麼？

在速食文化的生態下，有什麼值得讓人雋永品味的？

歷代經典・當今名著，經過時間的洗禮，千錘百鍊，流傳至今，光芒耀人；

不僅使我們能領悟前人的智慧，同時也增深加廣我們思考的深度與視野。

我們決心投入巨資，有計畫的系統梳選，成立「經典名著文庫」，

希望收入古今中外思想性的、充滿睿智與獨見的經典、名著。

這是一項理想性的、永續性的巨大出版工程。

不在意讀者的眾寡，只考慮它的學術價值，力求完整展現先哲思想的軌跡；

為知識界開啟一片智慧之窗，營造一座百花綻放的世界文明公園，

任君遨遊、取菁吸蜜、嘉惠學子！